热分层水库
溶解氧演化机制研究及应用

余晓　诸葛亦斯　刘晓波　著

中国水利水电出版社
www.waterpub.com.cn
·北京·

内 容 提 要

本书以热分层水库为研究对象，系统梳理了热分层水库溶解氧的影响因子及综合作用关系，分析总结了热分层水库溶解氧演化模式、演化过程、时空分布特征及影响成因，厘清了热分层水库溶解氧的演化机制，提出了热分层水库溶解氧演化的概念模型；以潘家口水库为案例水库，系统分析了水库溶解氧时空分布特征，探析了水库水动力、热分层、生化特征及其对溶解氧的影响，明确了水库溶解氧演化的关键控制条件，并构建了潘家口水库三维水动力-水质数学模型，模拟分析了滞温层缺氧对关键控制条件变化的响应，提出了改善潘家口水库滞温层缺氧的对策建议。

本书可供水利水电、环境科学等学科的研究者参考，也可供水资源、环境管理及水电企业的管理者参考。

图书在版编目（CIP）数据

热分层水库溶解氧演化机制研究及应用 / 余晓，诸葛亦斯，刘晓波著. -- 北京 : 中国水利水电出版社，2024.4（2025.1重印）.
ISBN 978-7-5226-2354-2

Ⅰ. ①热… Ⅱ. ①余… ②诸… ③刘… Ⅲ. ①水库－溶解氧－研究 Ⅳ. ①X524

中国国家版本馆CIP数据核字(2024)第074043号

书　　名	**热分层水库溶解氧演化机制研究及应用** REFENCENG SHUIKU RONGJIEYANG YANHUA JIZHI YANJIU JI YINGYONG
作　　者	余晓　诸葛亦斯　刘晓波　著
出版发行	中国水利水电出版社 （北京市海淀区玉渊潭南路1号D座　100038） 网址：www.waterpub.com.cn E-mail：sales@mwr.gov.cn 电话：(010) 68545888（营销中心）
经　　售	北京科水图书销售有限公司 电话：(010) 68545874、63202643 全国各地新华书店和相关出版物销售网点
排　　版	中国水利水电出版社微机排版中心
印　　刷	天津嘉恒印务有限公司
规　　格	184mm×260mm　16开本　10.25印张　173千字
版　　次	2024年4月第1版　2025年1月第2次印刷
定　　价	**98.00**元

前言

FOREWORD

热分层水库，一般是调节能力强、库容大、流速小的深水水库，每年会出现明显的热分层现象。随着流域污染负荷的大量增加，水体富营养化现象时有发生，热分层水库水体缺氧问题严重，水体缺氧已成为严重的全球性生态环境问题。由于热分层水库内部能质体系的多样性和复杂性，热分层水库溶解氧的演化成因目前尚不完全清楚，研究其演变机制对制定水库水质保护和管理策略至关重要。

本书针对热分层水库缺氧引发的水质问题，通过理论分析、野外监测及数值分析等方法，开展了一系列研究工作，主要成果包括如下方面：

(1) 从物理过程和生化过程入手，分析了水动力、热分层、生化过程对热分层水库溶解氧的影响，梳理了各影响因子的综合作用关系。热分层水库溶解氧演化是水动力、热分层以及生化过程等交互作用的结果，热分层使得水库垂向各层水体的水动力差异显著，为溶解氧的垂向分层提供了分异性物理环境；垂向各层不同生化过程作用，为溶解氧空间差异性演变提供了驱动力。

(2) 通过对热分层水库溶解氧演化模式的梳理，确定了我国主要的演化模式为“暖分层-混合”暖单次层化模式和“暖分层-混合-冷分层-混合”冷暖二次层化模式，阐明了两种模式溶解氧以年为周期的分层-循环演化过程，明确了暖分层期是水库最易发生缺氧的关键时期。系统总结了热分层水库溶解氧演化的时空分布特征及演化成因，分层期间溶解氧从上至下呈现混合层、氧跃层、氧亏层的层化结构特征，周期内可分为混合期、分层形成期、分层稳定期、分层消弱期四个阶段，各阶段垂向溶解氧分别呈I形、反J形、S形、正J形分布。在此基础上，从作用方式入手梳理了水库溶解氧演化的内、外部影响因素及其作用强度的周期性变化，明确了水库外部条件及内部主要循环过程，制定了热分层水库溶解氧演化的概念模型。

(3) 通过对案例水库潘家口水库垂向水质的监测分析，明确了潘家口水库溶解氧的演化规律。研究表明，潘家口水库全年呈“暖分层-混合”的暖单次层化模式，4月中旬至11月底水库存在210天的热分层，水库溶解氧分层比热分层滞后1个月左右，二者均呈垂向三层结构，各层空间变化特征相似。混合层，浮游藻类大量繁殖、光合作用产氧量大，溶解氧过饱和；氧跃层，水温和溶解氧随水深增加而急剧下降，溶解氧的浓度梯度与温度梯度显著正相关，7—8月温度梯度和溶解氧的浓度梯度可分别达到3℃/m、2.0mg/(L·m)以上，氧跃层底部缺氧；氧亏层，热分层期间水温增幅小，温度和溶解氧垂向补给小，受沉积物耗氧的影响溶解氧浓度持续下降，库底耗氧率为0.045mg/(L·d)，热分层末期库底出现缺氧，同时存在反硝化脱氮以及总磷、氨氮等内源污染的显著释放。潘家口水库大流量供水下泄和高频率的抽水蓄能调度、水库高水位运行及库底显著的硝酸盐反硝化是水库在沉积物重污染条件下底部耗氧速率相对较低的主要原因，这些也是潘家口水库溶解氧演化的关键控制条件。

(4) 基于热分层水库溶解氧演化的概念模型和潘家口水库溶解氧演化规律，构建了以溶解氧为核心水质指标的潘家口水库三维水动力-水质数学模型，模拟分析了不同控制条件滞温层缺氧持续时间、缺氧严重程度等变化响应。结合近年来水库实际调度情况及流域治污状况，提出了潘家口水库改善滞温层溶解氧的水库调度及外源污染负荷管控对策建议，为水库水质改善提供科学指导。

本书的撰写和出版得到了国家自然科学基金重点支持项目(U2340224)、国家重点研发计划项目(2016YFC0401701)的经费支持，感谢水利部海河水利委员会引滦工程管理局相关领导的大力支持，感谢彭静正高级工程师、杜强正高级工程师、谭红武正高级工程师、冯顺新正高级工程师、黄钰铃正高级工程师、杜霞正高级工程师、张士杰正高级工程师、王世岩正高级工程师等在本书写作过程中给予的挂怀和支持。

由于作者水平有限，书中难免存在疏漏之处，敬请广大读者批评指正。

作者

2024年3月

目录

CONTENTS

第1章 概　　述

1.1 研究背景及意义

溶解氧是水体健康的重要参数，在生物地球化学循环和水生生态系统结构和功能演化中起着至关重要的作用，是反映水生生态系统物理过程和生物地球化学过程变化的敏感指标。随着流域污染负荷的大量增加，深水湖库浮游植物生物量增加、富营养化现象时有发生，热分层期间水体缺氧问题严重，水体缺氧已成为严重的全球性生态环境问题。水体缺氧会导致鱼类等水生生物死亡、沉积物中大量还原物质释放等，释放的硫化氢等气体将导致水体发臭；同时，大量磷、氨氮等内源污染的释放会为藻类等浮游生物的生长提供营养盐，加剧藻类生长，对水生生态系统造成显著不利影响。溶解氧对良好水质和健康生态系统的重要性已经得到了湖库管理者广泛认可，对溶解氧最低浓度的要求已被纳入相关标准。

热分层水库溶解氧演变受水体热分层、混合等物理过程强烈影响，与水体营养盐浓度密切相关，其演变原因、减少程度和影响等问题涉及物理、化学、生物等多个学科，是水动力、热分层、营养盐等多重因素综合影响的结果。由于热分层水库内部能质体系的多样性和复杂性，当前对溶解氧的演化过程和成因尚不完全清楚。开展热分层水库溶解氧演化过程全面、深入、系统化的研究，阐明热分层水库溶解氧演化机制，将促进相关学科科学理论的完善。

一般而言，受地理气候、水动力条件、营养状态等影响，湖库内溶解氧呈现出多种垂向分布模式。贫营养型水库，水体透明度较高，溶解氧浓度随时间变化小，其在垂向的分布基本均匀，部分湖库下层溶解氧浓度略高于上层；富营养型水库，由于表层初级生产力较高，表层溶解氧浓度较高，甚至出现超饱和现象，下层溶解氧浓度随着深度的加大逐渐降低，底部可能出现缺氧甚至无

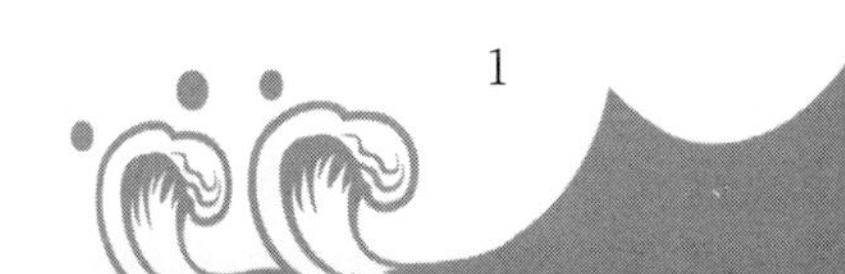

氧现象。因此，溶解氧浓度及其空间分布特征在一定程度上可刻画热分层水库的健康状况，研究热分层水库溶解氧的演变机制有助于客观评价水库的水环境状况，对制定水库水环境保护和管理策略至关重要。

目前，我国对湖库热分层及水质演化特征的研究已取得一定的成果，特别是针对大型深水水库热分层监测、机理、影响等问题的研究较为深入，但湖库水质问题的研究多集中于浅水湖泊，对深水水库热分层作用下水质问题的研究较少，且多集中于观测性研究，对热分层水库溶解氧的演化机理方面的研究尚处于初级阶段。究其原因，主要是基于热分层水库溶解氧影响因素的复杂性、多样性、交错性的特征，遴选主要的影响因子、准确识别关键过程；构建合理的概念模型以便于清晰地认识整个演化过程；合理地确定相应的计算参数等问题未能得到有效解决。解决上述问题对改善热分层水库水质、保障供水安全方面具有重要的意义。

本书系统梳理热分层水库溶解氧的影响因子，分析动力场、温度场以及营养盐浓度场“三场”耦合作用下热分层水库溶解氧演化机制，提出热分层水库溶解氧演化的概念模型，弥补我国大型水库溶解氧研究的不足；并以潘家口水库为研究案例，通过系统的现场监测和数值模拟，分析水动力、热分层及生化作用下水库溶解氧的演化规律，提出改善水库滞温层溶解氧的对策建议，为热分层水库水环境保护与修复提供科学指导。

1.2 国内外研究进展

要解决热分层水库溶解氧的演化机制问题，离不开研究水库的动力场、温度场、浓度场对溶解氧的直接或间接作用。因此，本书针对上述核心问题进行了国内外研究进展的梳理。

1.2.1 湖库溶解氧分布特征及影响因素的研究进展

溶解氧是水体重要的水质参数，100多年前各国学者已经开始了对湖库溶解氧相关问题的研究。1911年Birge和Juday对美国Wisconsin多个内陆湖的研究中，将溶解氧作为衡量湖泊健康状态的指标。1928年Thienemann等对富营养化和贫营养化湖泊的研究，以及1932年Juday和Birge对美国东北部湖泊的研究中，均采用溶解氧和耗氧量来反映水体生产力和营养等级。1957 年 Hutchinson 对一系列湖泊溶解氧的监测分析提出，溶解氧是最能反映湖泊性质的化学指标。

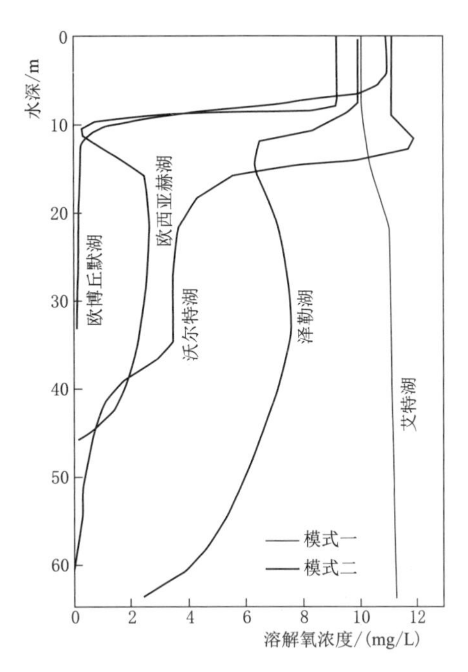

图 1-1　典型湖泊热分层中后期溶解氧垂向分布模式

长期以来对溶解氧的研究主要集中在热分层湖泊，这类湖泊溶解氧垂向分布的模式主要有两种（图 1-1）：①模式一是贫营养湖泊，主要分布在高纬度地区，湖泊透明度较高，此类湖泊溶解氧的季节性变化较小，热分层期间下层溶解氧呈饱和状态；②模式二是富营养湖泊，湖泊透明度较低，光照垂向迅速衰减，湖泊底部处于无光区，这类湖泊上层浮游植物异常繁殖，从上至下输入的有机物很多，湖泊下层耗氧增加，热分层中后期底部溶解氧浓度远低于上层，有时甚至为零。目前对热分层湖库溶解氧的研究，主要是对模式二相关湖库缺氧问题的研究。

随着世界各地工业的发展、污染物排放量的增加，多个污染较重的湖泊出现缺氧问题。自 20 世纪 60 年代以来缺氧面积呈指数增加，缺氧影响面积超过 24.5 万 km^2，水体缺氧伴随有害藻类暴发、鱼类死亡等问题，已对水生生态系统产生严重的影响。对此，20 世纪六七十年代研究者逐渐开始关注热分层湖泊管理中底部耗氧引发的水质问题，特别是早期工业较发达国家对湖泊溶解氧的问题展开了深入的研究。20 世纪 60 年代，位于美国和加拿大边境的伊利湖湖泊富营养化严重，出现缺氧现象，对此美国和加拿大联合开展了伊利湖缺氧问题调查，通过对伊利湖流场、溶解氧、营养盐等全面的调查研究发现，伊利湖存在季节性热分层，热分层期间湖泊底部溶解氧逐渐消耗，1969 年热分层中后期湖泊底部出现无氧现象，热分层期间底部耗氧率是 40 年前的 2 倍多，研究认为外源磷负荷增加是导致伊利湖底部缺氧的主要原因；据此美国和加拿大两国于 1972 年联合制定了《大湖水质协定》（GLWQA 1972），限制总磷（TP）的入湖通量，该协定执行的早期伊利湖缺氧现象得到缓解，但近年来湖泊再次缺氧，这一现象至今难以解释，对此伊利湖溶解氧演变成因一直是众多学者研究的热点。Nakashima 和 Shimizu 等对 1959 年以来日本琵琶湖溶解氧的研究发现了与伊利湖类似的现象，1959 年以来琵琶湖热分层期间湖泊底部耗氧率逐渐增加，20 世纪 60 年代和 2000 年左右热分层期间琵琶湖底部 80m 水深处耗氧率分别为 0.69mg/(L·月)、0.85mg/(L·月)，近年来热分层末期湖泊底部出现缺氧和严重的锰污染，出现鱼虾的大规模死亡；进一步研究表明，琵琶湖热分层期间底部耗氧率与湖泊 TP 浓度成正比。

近年来大型水库溶解氧问题也逐渐引起学者们的关注。美国弗吉尼亚州 Occoquan 水库自 20 世纪 60 年代以来出现季节性缺氧，水库富营养化严重，2012 年 Suazo 等对水库溶解氧的研究发现，热分层中后期库底缺氧严重，同时沉积物磷、铁、锰等物质大量释放；为了保证坝前供水安全，水库管理部门增加库尾硝酸盐的汇入，从而有效缓解水库底部溶解氧的消耗以及内源污染的释放，使得水库水质明显改善，基本满足供水水质要求。2014 年 Lee 对西班牙圣地亚哥 4 个水源水库 1990—2011 年溶解氧的研究发现，水库缺氧主要控制因素为外源负荷、热分层和水动力等，比如水体氮磷浓度、热分层稳定性和持续时间、水库调度等，与天然湖泊相比水库调度能一定程度地影响热分层稳定性和垂向溶解氧等物质传递。

早期的研究主要关注热分层湖库底部耗氧引发的水质问题，如缺氧引发磷等内源污染大量释放、导致富营养化加剧等，认为缺氧是导致热分层湖库水质恶化的重要因素，导致缺氧主要原因是外源磷负荷的增加，通过限制外源磷负荷可有效抑制底部缺氧、缓解富营养化。随着伊利湖等多个湖泊控制外源磷负荷无法解决缺氧问题，相关学者逐渐认识到热分层湖库缺氧是热分层、水动力、外源污染负荷等多种因素综合作用的结果，应该从整个水生生态系统的角度系统开展研究，从物理、化学、生物等各角度研究耗氧机理，分析热分层、水动力、外源污染负荷等变化对湖库溶解氧的影响，以及水生生态系统对缺氧的响应。由于水生生态系统的多样性和复杂性，截至目前对于热分层湖库缺氧问题的成因尚不完全清楚，也没有修复成功的案例，因此注重溶解氧的早期变化、有氧条件下溶解氧对污染负荷的响应等至关重要。

国内的相关研究起步较晚，主要关注湖库底部缺氧引发的一系列环境问题。

如 2005 年王雨春等对西南百花湖水库的研究以及王敬富等对红枫湖的研究均发现，在夏末热分层中后期湖库底部出现缺氧现象，伴随铁、锰、硫化氢等大量内源污染的释放，在秋季翻库时湖库发生水质恶化事件，导致鱼虾大量死亡。2012 年以来黄廷林等对陕西金盆水库、石砭峪水库以及山东周村水库等热分层水库的研究发现，这些水库均处于严重富营养化状态，热分层期间底部缺氧，对此采用现场监测、室内试验等方法研究了缺氧对水体营养物质循环的影响，并分析采用曝气等措施的改善效果。国内相关学者也注重对热分层湖库溶解氧早期变化的研究，分析有氧条件下溶解氧对污染负荷、浮游植物的响应关系。

目前水库溶解氧分布特征及影响因素的研究，我国学者的研究主要是对现象的描述和规律的分析，对水库溶解氧演变机理的研究较少。事实上，由于地形、气候条件等不同，以及调度方式的差异，水库水动力、热分层、水质等特征和溶解氧的演变规律具有显著的个体性差异。

1.2.2 湖库水动力与热分层对溶解氧的影响研究

水动力、热分层等物理过程决定了水生生态系统中物质的传输和混合，控制水体溶解氧的迁移转化，对水生生态过程起着主导作用。

深水湖库呈现周期性的垂向热分层，表现出热分层-混合循环的特征，热分层期间湖库空间尺度上从上到下分为表水层、温跃层和滞温层 3 层结构。20 世纪五六十年代以来，美国伊利湖、日本琵琶湖等湖泊相继出现热分层期间滞温层缺氧。自此研究者逐渐开始关注热分层水体滞温层缺氧引发的水质问题，大量的研究集中于建立湖库滞温层耗氧与各种物理参数的经验模型。20 世纪 60 年代以来，Vollenweider、Cornett 等经过大量研究建立了热分层湖泊滞温层耗氧率与水体停留时间、滞温层平均温度和平均厚度等参数的一系列经验关系。2012 年 Müller 等通过对欧洲诸多热分层湖泊底部缺氧成因的研究，进一步提出了滞温层耗氧与滞温层厚度的量化关系，研究指出当滞温层平均水深为 10～25m 时湖泊滞温层耗氧率随滞温层平均水深线性增加，当平均水深大于 25m 时湖泊滞温层耗氧率基本不变，同时研究指出热分层湖库滞温层的平均水深高于某一特定值时，热分层期间湖泊不易发生缺氧事件。

水库与天然湖泊相似，其水动力和热分层受地理位置、气象要素、水文条件等自然条件影响。此外水库与天然湖泊相比，湖泊和水库出水口位置不同，

湖水的自然出流是从湖泊表面排泄，对水体的混合作用较小，而水库排水一般通过大坝来控制，水库出水口的位置、出水流量大小等水库调度运行增加了库区流态的复杂性，对水库热分层结构、溶解氧和营养盐循环等影响更多样。Besma 对地中海南部 Sejnane 水库的研究表明，水库不同深度的泄水方案对水质影响较大，底孔下泄会使得夏季热分层时期库底水温增加、温跃层温度梯度减弱，有助于垂向能量和物质的交换，热分层末期缺氧区上边界深度下降、缺氧范围缩小，底部氮、磷、铁等物质浓度降低，而表层泄水的影响正好相反。Anderson 对美国 Walnut Canyon 水库的研究也得到类似结论，底部泄水使得滞温层被氧化，降低了出水磷的浓度，提高下泄水质。通过底部排水的水库，热分层期间的底部排水能够增加垂向混合和底部物质的耗散，对底部水体溶解氧等影响较大。

与上述常规调度相比，水库抽水蓄能调度抽、泄水的频繁启闭，对水库影响更为复杂，也逐渐引起研究者的关注。1982 年 Potter 等对美国 Oconee 湖的研究表明，在没有抽水蓄能时水库夏季表、底温差为 5～13℃，抽水蓄能的运行使得夏季水体完全混合。1993 年美国垦务局对 Twin 湖的研究表明，抽水蓄能使得水体停留时间从 314 天降低至 176 天，导致了上池水体热分层减弱、无机悬浮固体浓度下降 40mg/L，上池滞温层轻微曝气、溶解氧浓度提高，增加了鱼类栖息地的范围。2012 年 Bonalumi 等对瑞士一抽水蓄能电站的研究表明，抽水蓄能使得两个连接水体温度升高，冰封期缩短、冰层厚度显著降低，无机悬浮固体浓度在上池上升、下池下降。2018 年 Kobler 等研究表明，瑞士 Etzelwerk 抽水蓄能的运行对上池热分层影响较大，上池底部频繁的抽、泄水使得滞温层混合加强、水温增加，热分层减弱，夏季热分层的持续时间缩短 1 个月，冬季冰盖持续时间和厚度均降低；不同的抽水蓄能调度使得上池水库底部注入水体溶解氧浓度较高，为底部提供了更多的溶解氧的同时，也使水库热分层持续时间缩短，滞温层缺氧范围和时间均减小。

水库可以通过改变常规调度和抽水蓄能调度来影响水库的水动力条件，进而影响内部物质、能量循环的变化，从而改善水库底部的缺氧。与其他措施相比，该方法是可能且最易实现的可持续方案，生态风险小。但由于湖库水动力、水温、水质过程的复杂性，目前调度对水动力和热分层的作用机制及对溶解氧的影响尚不明确，这将是后期研究水库调度改善缺氧问题的重点。

1.2.3 湖库水质对溶解氧的影响研究

结合本书研究内容，本节重点关注生物生长必需的氮、磷、铁、硫等物质，从水质对溶解氧的正、负效应入手，系统综述水质对溶解氧的影响。

1.2.3.1 水质对溶解氧的负效应

氮、磷是影响初级生产的主要营养物质，藻类等初级生产者从水中吸收并合成蛋白质等进入生物体内。进入生物体内的氮、磷，通过食物链以有机态的形式存在，传递至高营养级生物；随着生物体的死亡、排泄等，在微生物的作用下有机物分解矿化，水体中有机物分解耗氧。

1990年金相灿等在《中国湖泊富营养化》一书中指出，在水体中氮和磷的浓度分别达到0.3mg/L和0.02mg/L时，水体可能发生藻华。朱亦仁、王占生等研究指出，湖库水流较缓，氮、磷等物质汇入后水体稀释和搬运能力弱，随着沉降至底部的死亡藻类等有机颗粒增加，湖库底部水体及沉积物耗氧物质剧增，有机颗粒的分解消耗大量氧气，破坏了通过物理过程充氧与有机质耗氧之间的平衡，造成水体溶解氧迅速下降，水质恶化。因此，随着区域工业的发展，大量工业废水和生活污水汇入湖库，湖库氮、磷等浓度增加，湖库底部溶解氧损耗加剧，使得滞温层溶解氧浓度下降，甚至缺氧。

水体氮源主要有农业施肥、大气沉降、固氮农作物、人类和畜禽粪便等。1982年Meybeck对全世界诸多河流水质的研究表明，世界各河流总氮（TN）平均浓度为0.94mg/L，受人类活动影响小的自然河流有机氮是氮的主要存在形式，无机氮比例低，约为0.12mg/L，主要以硝酸盐为主。1996年Heathwaite等研究指出，随着人类活动的增加，TN含量增高，部分河流TN浓度超过10mg/L，远远超过环境本底值。

河流中人为输入的磷主要来源是生活污水、工业废水的点源排放，以及农业化肥和粪便的面源排放等。1982年Meybeck的研究表明，全球范围天然河流溶解态TP浓度非常低，约为0.025mg/L，其中磷酸盐浓度约为0.01mg/L。1996年Heathwaite等、2002年Mainstone等研究均指出，受人类活动干扰的河流TP含量增加，以农业面源为主的河流溶解无机磷浓度达到0.05～0.1mg/L，在降水较小时以溶解态为主；点源排污口的TP浓度可达1mg/L，以溶解态为主，易被生物吸收利用。

由于热分层湖库一般容积较大，水体滞留时间长、更新缓慢，氮、磷等物质汇入之后停留时间长，有利于营养物质的再循环和保持。氮、磷等物质进入热分层湖库后可能导致水体缺氧，加剧湖库富营养化等相关水质问题，是湖库缺氧条件发展的重要驱动，对水质和水生生态系统的影响更加的深远。

1.2.3.2 水质对溶解氧的正效应

长期以来湖库管理重视外源污染的控制，普遍认为控制流域的氮、磷等负荷是有益的。这种认识是从氮、磷可能加剧富营养化、对水生生物和人类有毒的角度出发，没考虑这些物质在水体中的各种形态、多方面的作用。如硝酸盐等均具有氧化性，硝酸盐的反硝化作用能够缓解水体溶解氧的消耗，有助于提高水体氧化能力，能在湖库水质保障方面发挥积极作用。

1976年Ripl提出可以用硝酸盐氧化湖底沉积物、修复污染湖泊；1986年Foy的研究也指出硝酸盐能够有效抑制湖底缺氧和沉积物磷的释放；2006年Schauser对德国柏林的Tegel湖和Schlachtensee湖的研究也发现类似结论，使用硝酸盐能维持湖泊底部氧化环境，抑制沉积物磷的释放。硝酸盐在缺氧条件下可通过微生物的反硝化反应氧化有机物，在热分层水体中硝酸盐可以减少滞温层和沉积物的需氧量；同时由于硝酸盐的氧化性强于铁、锰等，硝酸盐的存在能够抑制湖库沉积物中铁、锰的还原，从而达到控制内源磷释放的效果。因此，硝酸盐的存在对维持湖库底部有氧环境、抑制内源污染释放有显著作用，对水质产生积极影响。

与其他氧化物（纯氧等）相比，硝酸盐的氧化能力强、氧化效率高，作为氧化剂1mg/L硝酸盐相当于2.86mg/L的氧；同时，硝酸盐溶解性强，可以以固态或液态形式直接添加至缺氧区域，减少水体扰动的同时，改善底部的厌氧条件；在缺氧水体中硝酸盐可通过微生物的反硝化作用，以气态形式离开水体，可不增加水体的氮负荷。因此，使用硝酸盐维持滞温层的氧化环境，这是热分层湖库水质修复的重要方法。

目前欧美已有多个湖库采用硝酸盐缓解滞温层缺氧、氧化沉积物，抑制磷、硫化氢、甲基汞等内源污染释放，修复富营养化水体（表1-1）。较为经典的案例是美国弗吉尼亚州水源水库Occoquan水库，20世纪60年代该水库水体富营养化严重，在控制外源污染的同时，采用含高浓度硝酸盐的再生水来控制内源污染，使得水库水质明显改善，保障了供水水质。长期以来Suazo等对该水库的研究表明，库底硝酸盐浓度高于 2mg/L，或者在滞温层水体无氧的条件下硝酸盐浓度高于 5mg/L 时，可维持水体氧化环境，有效抑制沉积物铁、锰的还原和磷的释放。对 Occoquan 水库的相关研究也表明，硝酸盐的存在有效抑制沉积物中氨氮、总有机碳（TOC）的释放，在水体没有硝酸盐的情况下从沉积物中释放的氨氮、TOC 分别是有硝酸盐情况下的 4 倍和 3 倍。

表 1-1　用硝酸盐修复富营养化水体案例总结

湖库名称	位置	湖库尺寸	硝酸盐的来源和管理目标	对沉积物和水质的影响
Lillesjön 湖	瑞士	小型富营养化湖泊，面积 $4.2\times10^{-2}km^2$，最大水深 4.2m	连续向沉积物中添加氯化铁、氢氧化钙、硝酸钙抑制内源磷负荷	泥沙需氧量下降 50%，水体中磷的浓度从 0.2～0.4mg/L 下降至低于 0.1mg/L
Dagowsee 湖	德国	小型富营养化湖泊，试验围隔直径 10m，深 8.5m	向沉积物中添加含有硝酸盐的氧化剂，抑制内源磷释放	沉积物磷的释放率大幅度降低，底部水体磷的浓度从 0.7mg/L 降至可忽略不计
Lyng 湖	丹麦	富营养化湖泊，面积 $10\times10^{-2}km^2$，最大水深 7.6m	加入小计量的硝酸钙，抑制内源磷释放	夏季湖水中磷浓度降低 50%
Bleiloch 水库	德国	大型富营养化水库，面积 $9.2km^2$，最大水深 55m	在污染负荷峰值期间向处理过的污水中投放硝酸盐，增加有机物的氧化作用	无报道
Tegel 湖	德国	大型富营养化湖泊，面积 $4.6km^2$，最大水深 16m	含有硝酸盐的废污水短期汇入	磷的释放速率从大于 $4mg/(m^2\cdot d)$ 下降至不足 $2mg/(m^2\cdot d)$，叶绿素峰值浓度从 20～60mg/L 降至 15～25mg/L
Mathews 湖	美国	大型天然中营养水库，面积 $10km^2$，最大水深 63m	从科罗拉多渠进入的偶然入流富含硝酸盐（1mg/L）	与无硝酸盐条件相比，内源磷负荷预计减少了 25%
Uzarzewskie 湖	波兰	小型严重富营养化湖泊，面积 $10.4\times10^{-2}km^2$，最大水深 7.2m	将硝酸盐浓度较高的泉水（40mg/L）输送或添加至湖底	滞温层磷的释放速率从 20～$25mg/(m^2\cdot d)$ 降至 0～$15mg/(m^2\cdot d)$，滞温层不再有硫化物产生

续表

湖库名称	位置	湖库尺寸	硝酸盐的来源和管理目标	对沉积物和水质的影响
Upper Mystic 湖	美国	富营养化湖泊，面积 $50\times10^{-2}km^2$，最大水深 24m	由于上游工业和废污水管理问题导致氨污染产生，最终只是高浓度硝酸盐污水的偶尔汇入	与无硝酸盐条件想比，内源磷负荷预计下降 50%
Willow Creek 湖	美国	富营养化的防洪水库，试验围隔直径 3m，深 11m	添加硝酸铵，使得水体 TN 与 TP 比值大于 100，抑制蓝藻暴发	蓝藻快速下降，分泌的毒素减少，水体透明度增加，浮游动物体型增大
Dworshak 水库	美国	径流式贫营养型水库，最大水深 192m，水体停留时间 0.85 年	添加硝酸铵促进生产力和鳟鱼生长	可食浮游植物的生物量和比例增加，大型水藻的浓度增加
Onondaga 湖	美国	富营养化城市湖泊，面积 $12\times10^{-2}km^2$，最大水深 19.5m	添加硝酸钙，经过硝化处理的废污水偶然汇入，抑制滞温层甲基汞的累积	沉积物中磷和甲基汞的通量大幅度降低，滞温层甲基汞和可溶性活性磷的最大浓度降低 95%以上
Occoquan 水库	美国	富营养化水库，城市供水水源地，库容 0.31 亿 m^3，面积 $8.5km^2$，最大水深 20m	上游有污水处理厂中水汇入，含有高浓度硝酸盐，抑制沉积物缺氧	维持热分层期间底部的氧化环境，抑制沉积物中氮、磷、铁、锰等释放，同时水库“消耗”大部分硝酸盐，保证了出水水质
Round 湖	美国	小型城市湖泊，面积 $13\times10^{-2}km^2$，最大水深 11m	添加硝酸钙抑制滞温层甲基汞的累积	增加了氧化还原电位，抑制了底部水体甲基汞的累积
旧金山湾	美国	加利福尼亚北部大型河口的泥沙处理试验	向有机污染的河口沉积物中添加硝酸钙颗粒，抑制硫化物的生成	处理区排水的硫化物浓度快速下降
施莱峡湾	德国	德国北部富营养化峡湾泥沙处理试验	在峡湾沉积物中加入硝酸盐溶液抑制磷的释放	上覆水 TP 浓度从 0.4mg/L 下降至 0.1mg/L，浮游植物生物量下降，由蓝藻转变为非蓝绿色的藻类

大量研究表明，部分湖库由于上游污水处理厂采取了反硝化脱氮或农田氮肥使用量减少，使得硝酸盐负荷降低、底部厌氧环境加剧，铁、锰等被还原，其吸附的磷随之大量释放，内源负荷增加，导致水质恶化。2006 年 Petzoldt、2016 年 Beutel 等对硝酸盐提高地表水水质方面的研究综述中强调，硝酸盐减缓湖库底部水体及沉积物耗氧的重要作用，质疑当前废污水处理中强制要求处理硝酸盐的行为，认为应该评估水体中一定浓度硝酸盐对水生生态系统的正面效应，以此来决定是否处理废污水中的硝酸盐。在诸多热分层湖库管理中，在适当的时间向缺氧水体添加适量的硝酸盐，确保添加的氮在湖库热分层秋季翻转之前耗尽，这样既有助于湖库维持滞温层的氧化环境，也保证了氮的添加不会额外刺激浮游植物的生长。

因此，在湖库管理和研究过程中不能忽视硝酸盐等物质对水体耗氧的正面效应，笼统地要求消除氮等治污措施，应根据具体情况综合考虑，确定湖库来水硝酸盐的浓度。

1.2.4 水库溶解氧的多因子综合影响研究

国外对河流筑坝引起的水库水动力、水温、水质等多因子综合影响的研究已经开展了大量工作，取得了丰硕的成果。早期相关研究主要是基于大量的现场监测，如 Burns N M 和 ROSS C 等在研究伊利湖底部缺氧问题时，系统监测伊利湖流场、垂向扩散系数等水动力过程，水温的时空分布等热分层过程，氮、磷营养盐循环等水质过程，分析长期以来伊利湖水动力、水温、水质等各自的变化特征，据此研究这些因素变化对伊利湖滞温层缺氧的作用。

水库溶解氧的演变受水动力、热分层、水质等综合影响，随着数值模拟技术的不断提高，诸多学者在大量现场监测的基础上，借助数值模拟的方法，深入研究了水文、气象、水库泄水口位置及出库水量变化等因素对水库水动力、水温以及水质的影响，数值模拟也成为了当前研究该问题的重要手段和方法。Rucinski 等采用一维水动力-富营养化模型模拟了伊利湖不同磷负荷情景下水温、TP、溶解氧、叶绿素 a 等变化，分析不同磷负荷情景下伊利湖缺氧情况；Zouabi-Aloui 等采用 CE-QUAL-W2 立面二维模型模拟地中海南部热分层水库泄水对水动力和水质的时空影响格局，重点分析不同泄水情景对水库热分层、底部缺氧的影响，研究发现水库深水泄水促进热量和溶解氧的垂向传递，减弱热分层稳定性，底部缺氧范围减少；Kobler 等采用立面二维模型对瑞士 Etzelwerk 抽水蓄能电站上、下池湖库的水动力、水质模拟研究表明，抽水蓄能的运行影响上、下池热分层、营养盐的动态变化产生显著影响，显著降低湖库热分层强度和持续时间，提高底部的溶解氧浓度。

在热分层水库溶解氧演化机理方面，目前国外的大量研究关注水动力、水温、水质等多因子对水库溶解氧的综合影响，而国内大部分研究还集中在水动力对水库热分层、溶解氧的影响研究，多是基于实测数据的规律性分析以及水库水动力对水温的模拟研究，基于水动力、水温、水质多因子的溶解氧演化机理研究较少，特别是热分层水库不同调度方案、污染负荷作用对水库溶解氧影响方面的研究较少，其作用途径和溶解氧的演化机制也尚不明确。

1.3 研究的内容及技术路线

1.3.1 研究目标

本书从水动力、热分层、生化过程入手，全面梳理热分层水库溶解氧的影响因子，总结我国热分层水库溶解氧的演化模式，分析不同模式下溶解氧层化结构的形成及演化过程，厘清溶解氧演化的时空分布特征及影响成因，提出热分层水库溶解氧演化的概念模型。选取潘家口水库为本书的案例，系统分析水库溶解氧时空演化规律以及水动力、热分层及生化过程对溶解氧的影响，厘清潘家口水库溶解氧的演化规律。构建潘家口水库三维水动力-水质数学模型，模拟分析了滞温层溶解氧对水库调度和硝酸盐负荷变化的响应，提出改善水库滞温层溶解氧的对策，为热分层水库水质保护与修复提供科学指导。

1.3.2 研究内容与技术路线

1. 热分层水库溶解氧影响因子分析

从水库水动力、热分层现象出发，论述热分层水库的水动力和热分层过程对溶解氧垂向迁移的影响；从水体各类生化过程对溶解氧的补给和消耗入手，梳理热分层水库生化过程对溶解氧转化的影响。在梳理热分层水库水动力、热分层、生化过程对溶解氧影响分析基础上，系统总结主要影响因子的综合作用关系。

2. 热分层水库溶解氧演化机制分析

总结我国热分层水库溶解氧的演化模式，分析不同模式下溶解氧层化结构的形成及演化过程，厘清溶解氧演化的时空分布特征及影响成因；并从溶解氧演化的内、外部影响因素着手，制定热分层水库溶解氧演化的概念模型，明确溶解氧演化的外部边界条件和内部主要的影响因素和循环过程。

3. 潘家口水库溶解氧的演化规律分析

选取潘家口水库为案例水库，系统分析潘家口水库水温、溶解氧以及氮、磷等水质指标的时空变化规律和溶解氧的演化特征。分析水库来水以及常规调度、抽水蓄能调度等水动力特征，阐述水动力对水库热分层、溶解氧的影响。分析水库的热分层特征以及热分层对溶解氧层化结构的影响，厘清热分层对水库耗氧的影响。分析水库的生化特征，解析主要生化过程中典型物质与溶解氧的相互作用关系；从建库以来氮、磷的滞留效应入手，分析水库内、外源负荷的贡献，以此诊断水库滞温层溶解氧的变化趋势。据此，梳理总结潘家口水库溶解氧演化的关键控制条件。

4. 潘家口水库溶解氧数值模型的构建

根据热分层水库溶解氧演化的概念模型，构建以溶解氧为核心的潘家口水库三维水动力-水质数学模型，模拟潘家口水库水动力、水温、水质过程，根据实测数据率定验证模型相关参数。

5. 潘家口水库滞温层溶解氧改善对策研究

基于潘家口水库三维水动力-水质数学模型，结合水库溶解氧演化的关键控制条件，制定多种工况模拟分析不同调度运行方式和硝酸盐浓度条件下潘家口水库溶解氧的变化，重点凝练不同控制条件滞温层缺氧持续时间、缺氧严重程度等变化响应。结合近年来水库实际调度情况及流域治污状况，提出潘家口水库改善滞温层溶解氧的水库调度及外源污染负荷管控对策建议，为水库水质改善提供科学指导。

根据本书的研究内容，制定的技术路线如图 1-2 所示。

1.3.3 拟解决的关键科学问题

1. 热分层水库溶解氧影响因子及演化机制研究

热分层水库溶解氧变化受水动力、热分层、生化作用等多因子的影响，演化机制极其复杂，其成因至今也尚不完全清楚。因此，需进一步加强热分层水库溶解氧影响因子分析，以及在水库动力场、温度场、浓度场“三场”耦合条件下溶解氧演化机制研究。

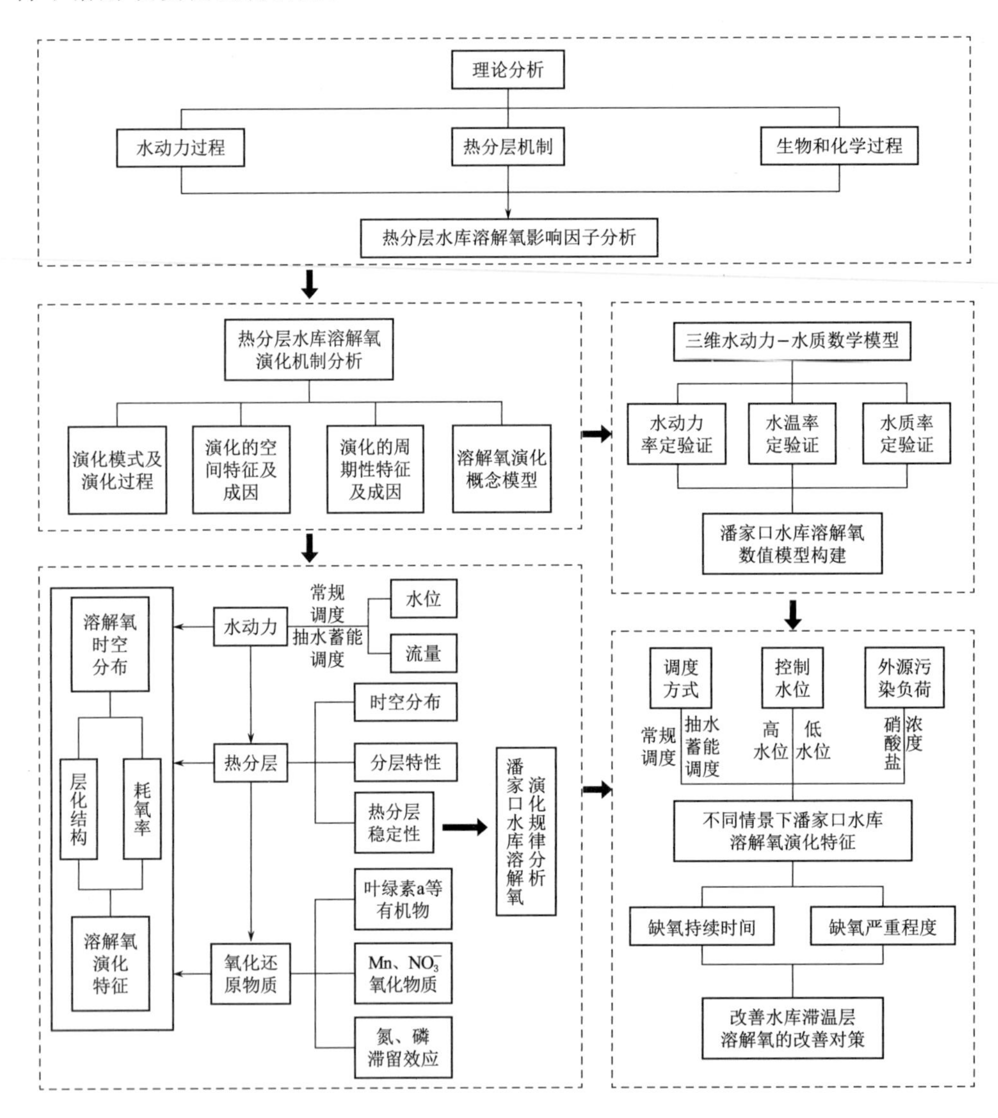

图 1-2 技术路线图

2. 水库调度对热分层水库溶解氧输移和补给过程的影响

目前对热分层溶解氧演化的研究多基于天然湖泊，而对于频繁调度，特别是常规调度和抽水蓄能调度综合作用下水动力过程变化较大的大型热分层水库，调度对水库溶解氧输移和补给产生影响，可能是解决大型热分层水库滞温层缺氧问题的重要手段。弄清调度对水库溶解氧输移和补给过程的影响，并制定缓解滞温层溶解氧的水库调度技术，是本研究拟解决的一个关键科学问题。

3. 外源污染负荷对热分层水库滞温层溶解氧的影响

外源污染负荷对热分层水库滞温层溶解氧的影响是多方面的，作用机制较为复杂，弄清滞温层溶解氧对硝酸盐等外源污染负荷的响应机制，并制定改善水库滞温层溶解氧的外源污染负荷控制对策，是本研究拟解决的又一关键科学问题。

第2章　热分层水库溶解氧影响因子分析

物质进入水体后发生一系列复杂的物理、生物和化学过程，其中物理过程包括物质随水体的迁移，以及随颗粒的吸附和解吸、沉淀和再悬浮等，这个过程实质是物质的位置转移，主要表现为对流、扩散等迁移过程；生物和化学过程（简称生化过程）主要表现为物质在水体中发生化学反应以及在微生物作用下产生的生化反应。物质进入水体之后，迁移、扩散等物理过程和衰减转化等生化过程同时发生，过程非常复杂。

对热分层水库的溶解氧而言，其浓度变化与水动力、热分层等物理过程密切相关，同时也受生物和化学过程的强烈影响，是水动力、热分层等物理过程以及生化过程等多重因素综合影响的结果。

2.1　水库水动力过程及对溶解氧的影响

2.1.1　水库水动力过程

水一直在运动，水体运动对化学、生物学具有十分深远的影响，是水体能量和物质分配的关键，对水体热、气体、营养盐的分布也影响较大。水的运动是输运营养物质、泥沙等物质的动力基础，是污染物迁移的关键因素。水体的水动力过程影响水体温度场、物质浓度场以及生物的分布，在研究水质等问题之前有必要先了解水体的动力过程。

水体的运动遵循质量守恒、能量守恒和动量守恒这些流体运动的基本规律，分为层流和紊流两种型态。层流是在流速较小时，各流层液体质点有条不紊的运动，互不混杂的流动型态；紊流是在流速较大时，各流层液体质点形成涡体，在流动过程中互相掺混的流动型态。在自然水体中，大部分运动是紊流，紊流的特性与污染物质的迁移扩散过程密切相关。紊流一般发

生在流速梯度很大的剪切层、存在流速差的区域，形成不同尺度的涡旋，涡旋发展产生合并、分裂、互相掺混等作用。通常，流动越强，湍流程度也越强。

对于水库而言，水动力特征与湖泊类似，流速比河流小很多，在水库形态、气象条件等综合作用下，形成了独特且复杂的水动力过程。河流在快速流动过程中垂向和横向均匀混合，而水库中水体流速变缓、水深增大，在水力停留时间长的水库中水库垂向的水动力过程存在差异，在垂向上物质和能量均表现出分层作用。

影响水库水动力过程的外部驱动力有风应力驱动、热通量交换和热力驱动、入流和出流过程等（图 2-1)，造成了水平方向和垂直方向混合的两个物理过程，主要形成风生流、垂直环流、湖面波动等运动。

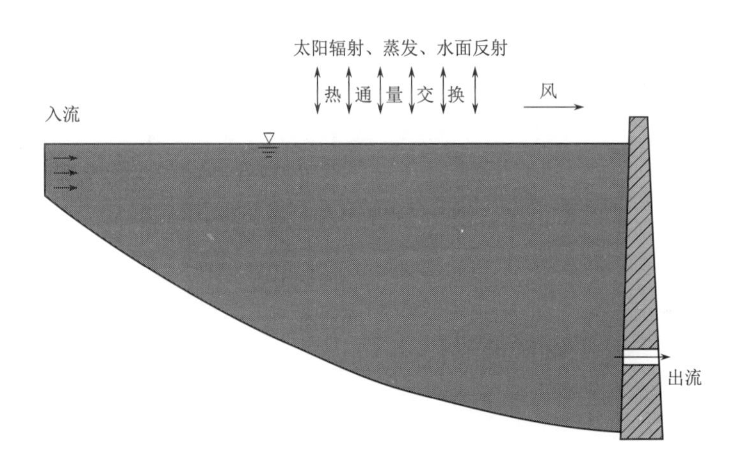

图 2-1　影响水库水动力过程的主要外部驱动力

水库在风的作用下形成的水动力过程与湖泊类似，水库水体表面积大，风作用于水库表面，是驱动水体水平流动、产生垂向混合的主要驱动力。风将剪切力作用在水面，为水库水体运动提供能量，使得水面产生风生流，它是环流的主要驱动力。同时，风应力作用下水库水面发生倾斜，下风向水面上升，从而建立水体静压力梯度与风应力的平衡状态，在水库下层产生逆流，形成垂直环流（图 2-2)，在水库表层和下层均产生显著的水平、垂向的运动。研究表明，如果风力强劲且持久，水库表面风生流的流速可以达到风速的 2%～4%，流速较小，一般处于厘米级。

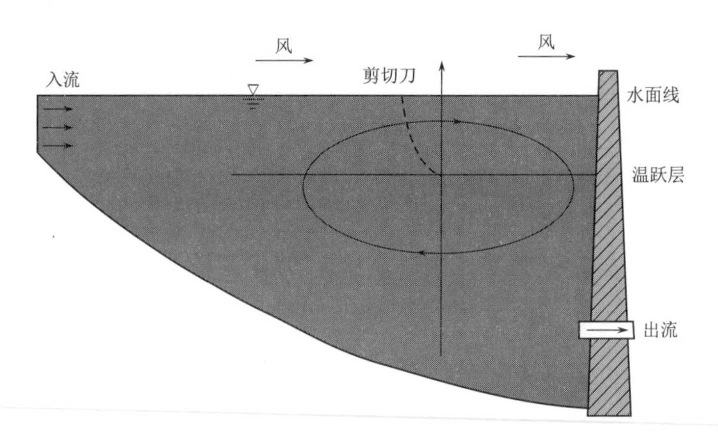

(a) 运动开始状态

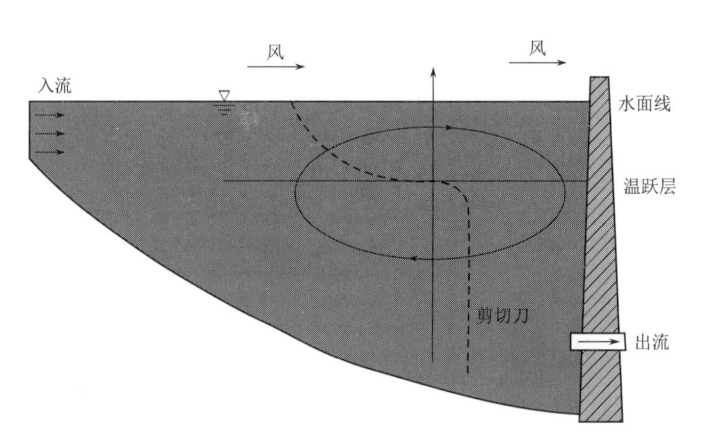

(b) 温跃层压力切变最大的状态

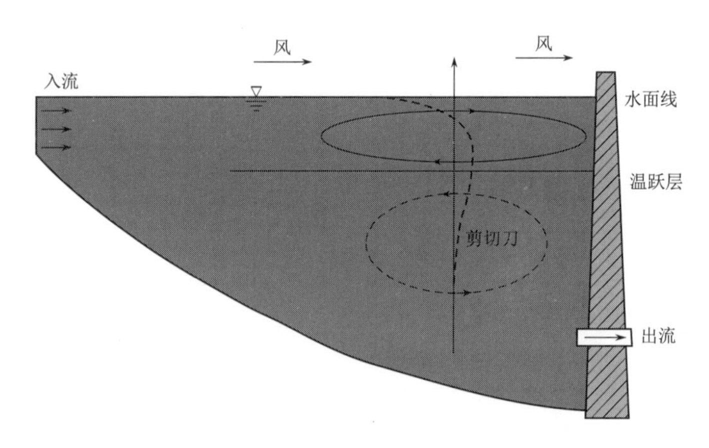

(c) 垂直环流稳定状态

图 2-2　热分层水库垂直环流示意图

此外，水库热通量和热力驱动是引起水体混合作用的另一个十分重要的驱动因素。水库表面通过吸收太阳能获取能量，同时通过水面蒸发、水面有效辐射以及水面与大气的对流热交换失去热量。水体热量动态变化过程导致水体温度发生变化，进而造成密度差异，形成水库水体层化的现象。水库水体垂向热分层-翻转混合的年变化是水库重要的水动力过程，夏季热分层限制了水体垂向运动，秋冬季节垂向翻转实现水体上、下混合，完成以年为尺度的水体分层-循环。水体日内的加热和冷却过程，导致水库水体上层垂向混合频繁发生，在湖库热分层期这一过程往往发生在表水层，使得表水层垂向频繁混合，物质和能量分布均匀。水库热分层限制了湍流穿越深度，水流运动主要限制在表水层，底部滞温层水流较弱。

水库的入流和出流过程，能够引起水位的快速升降，有利于水体的混合。不同季节水库入流水体的密度不同，进入之后将以表层流、内部流和底部流的形式成为密度流，驱动水库环流。水库出流过程和排水口的垂向位置对水库水动力影响很大，水库出流流量的大小决定了水体在水库中的平均滞留时间，也就是水力停留时间，它反映水库水体交换能力的强弱，是水库水动力特征的重要指标。水力停留时间为

$$\tau=\frac{V}{Q} \tag{2-1}$$

式中 τ——水力停留时间；

V——水库体积；

Q——水库出流流量。

水力停留时间越长，水库水体流动性越差；反之，则水库水体流动性大，水流运动对水库水动力影响越大。

湖泊、水库出流根据排水口位置的不同分为湖泊的自然流出和水库排水两种，其中湖泊的自然出流是从湖泊表面排水，这种方式对水体的混合作用较小，特别是对底部水体的扰动小；而水库排水一般通过大坝来控制，对水体的混合作用随着出流口位置的不同而变化，形成独特的出流区流态。通过底部出流的水库，热分层期间的底部出流能够增加垂向混合和底部物质的耗散，影响底部物质和能量的垂向分布。

2.1.2 水库水动力过程对溶解氧的影响

水体溶解氧等物质随着水体运动，迁移到其他位置，这种水力输运的过

程主要包括对流和扩散。对流和扩散过程是影响水体溶解氧等物质传输和分布的主要物理过程。对流是随水体流动产生的物质迁移，而不产生混合和稀释，对于河流等水体而言对流通常发生在纵向，物质随着水流迁移。扩散是指由紊动扩散和分子扩散引起的水体混合，这个过程在水体横向、纵向、垂向均有发生，实现了溶解氧等物质的交换。分子扩散是在浓度差或其他推动力作用下，分子、原子等布朗运动引起的物质空间的迁移现象，浓度扩散是最普遍的扩散现象；紊动扩散是由于水体紊动引起的物质传递，紊动扩散作用的强弱与水体紊动强度密切相关。分子扩散可用Fick定律来描述，即

$$F=-D\frac{\mathrm{d}C}{\mathrm{d}n} \tag{2-2}$$

式中 F——物质在水中沿作用面法线方向 n 的通量；

C——物质的浓度，mg/L；

D——物质在水体中的分子扩散系数，cm^2/s。

河流流速大，河流中对流作用比扩散大很多，在快速流动过程中溶解氧等物质垂向和横向均匀混合，浓度均匀分布。随着水库流速变缓、水深增大，水库中对流和扩散作用相当，水温和溶解氧在垂向上均表现出分层现象。

在水库风生流、热分层-混合等主要的运动过程中，溶解氧随水流运动发生迁移、混合。风生流为水库垂直环流，在水库表层和下层均产生显著的水平、垂向的运动，该过程促进了溶解氧的垂向混合、补给；水库的垂向热分层-混合作用是以年为尺度的水体分层-循环，这个过程也实现了水库溶解氧以年为尺度的垂向分层-混合，热分层期间表水层垂向频繁混合，溶解氧浓度分布均匀，底部滞温层水流较弱、溶解氧垂向补给少。

水库上游来水溶解氧浓度往往较高，入流进入水库形成不同的密度流对水库溶解氧的分布影响较大，同时水库的出流过程和排水口高度对溶解氧垂向迁移产生影响。水库出流水量的大小影响水库水体的水力停留时间，反映水库水体交换能力的强弱，水力停留时间越长，水库水体流动性越差，水库下层溶解氧的补给越少；反之，则水库水体流动性大，水流运动对水库水动力影响越大，水库下层溶解氧的补给越多。水库出流口的位置影响水体混合作用和溶解氧的垂向补给，如水库底部出流将增加底部水体扰动和溶解氧的垂向混合。

2.2 水库热分层过程及对溶解氧的影响

2.2.1 水库热分层过程

水温是地表水体重要的物理特征，衡量水体的冷热程度，对水动力和水质的研究都非常重要。

水温很大程度上由水体与外界热量传输和水动力过程等决定，通过水气热交换、流入流出等过程传输热量。水气热交换主要分为太阳辐射、大气和水体的长波辐射、蒸发潜热、对流引起的潜热（图 2-3）。太阳辐射是水体主要的热量来源，它具有一定的穿透力，这个过程可以加热一定深度水体；大气和水体的长波辐射包括大气向水体的辐射和水体向大气的反射，受大气温度、云层厚度等影响；蒸发潜热是水从液相变气相过程散发的热量，蒸发是一个降温过程，是水体主要的热流失途径，与水面风速、饱和水蒸气压等有关；对流引起的潜热是水与大气间温度差引起的热传输，是由水气界面湍流扩散实现的热量传输，随着水气温度差和风速的增加而增加。

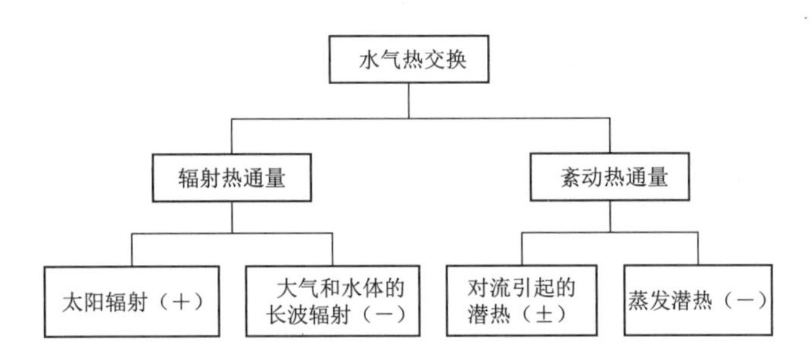

图 2-3 水气热交换示意图

水温的变化会引起密度的改变，水体在 4℃时密度最大，在低于或高于 4℃时密度逐渐减小（图 2-4）。

水温和密度的关系是非线性的，有大量描述纯水两者关系的经验公式，通常使用的公式为

$$\rho_T = a_0 + a_1 T + a_2 T^2 + a_3 T^3 + a_4 T^4 + a_5 T^5 \qquad (2-3)$$

式中 T——水温，℃；

ρ_T——纯水密度，kg/m³；

a_0、a_1、a_2、a_3、a_4、a_5——常数，取值分别为 $a_0 = 999.8452594$，$a_1 = 6.793952\times10^{-2}$，$a_2 = -9.095290\times10^{-3}$，$a_3 = 1.001685\times10^{-4}$，$a_5 = 6.536332\times10^{-9}$。

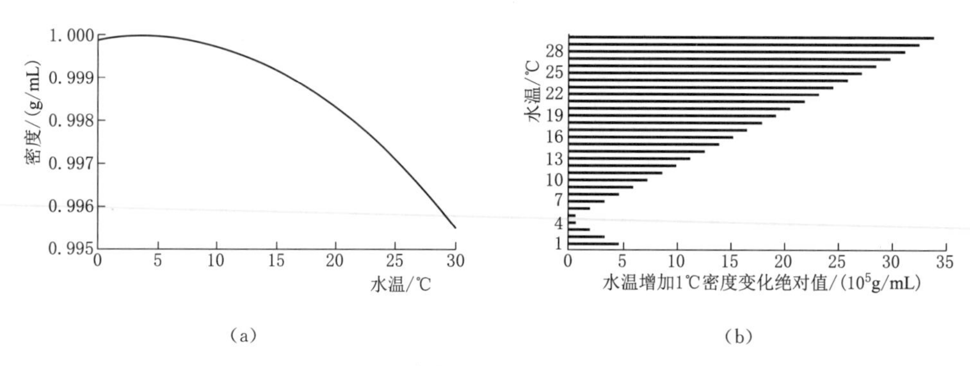

图2-4 纯水密度与水温之间的关系图

由于密度与水温间的关系，水库在热量收支变化、水动力等相互影响下，形成某种热分层。水库表层吸收太阳能后水温升高，在风浪不足以将整个水体扰动的情况下，水体不能维持垂向均一的水温，产生温度差，继而导致垂向的密度分层，密度分层又会很大程度地抑制垂向混合。当垂向温度差小、密度差异小时，垂向混合的阻力小于风浪产生的扰动时，垂向分层被打破，发生垂向混合。

大型水库垂向热分层和混合的频率即为水库的循环周期，一般以年为尺度。我国大型湖库热分层的模式主要有双季对流混合型和暖单次混合型，其中：双季对流混合型湖库一般分布在北温带、年均气温低于10℃的地区，主要表现为冬季冰覆盖、表层水温低于底层的分层，夏季表层水温高于底层的稳定分层，以及中间间隔的两段混合期；暖单次混合型湖库一般分布在平均气温超过10℃的地区，主要表现为湖库冬季没有冰盖层，每年温暖季节有很长一段时间的稳定分层期，其他时间处于垂向混合状态。

早春水库处于均匀混合状态，表、底层温度相同，随着春季气温的升高，表水层水温逐渐上升，水体密度降低，表、底层间水体密度差增大，形成垂向热分层。夏季太阳辐射最强，垂向温差最大，水库垂向热分层稳定存在。秋季随着气温的降低，太阳辐射输入低于蒸发和显热输出，水库表层水温降低，冷却的表层水密度变大、下沉，引起垂向密度分布不稳定，发生垂向混合，最终导致垂向均匀混合，表、底层水温相同，这一现象被称为秋季逆转。

冬季，垂向混合继续，对于没有冰盖层的水库，垂向上继续混合，此类水库热分层模式即为暖单次混合型分层模式；有冰盖层的湖库，冰盖阻止了风的扰动，冰下表层水温低于4℃，底层维持在密度最大的4℃左右，水体发生与夏季相反的垂向热分层，此类水库热分层模式即为双季对流混合型分层模式。

判定水库热稳定性的指标很多，其主要是表征湖库热分层的稳定程度，常见的热稳定性度量指标有施密特稳定性指数、APE潜在势能指数、梯度理查森数、水体浮力频率的平方、无量纲韦德伯恩数等。

施密特稳定性指数，1928年Schmidt提出，代表水体热分层状态被完全瓦解瞬间需要的能量，表征整个水柱响应风力混合的灵敏度。它由水温垂向剖面变化计算得到，其计算公式为

$$S=\frac{1}{A_0}\int_{-Z}^{0}(\rho-\rho^*)(z-z_g)A_z g\,dz \tag{2-4}$$

式中 S——稳定性，J/m^2；

Z——水体总深度，m；

A_0——湖库表面积，m^2；

A_z——水深 z 处的面积，m^2；

z_g——完全混合状态下重力中心处的深度，m；

g——重力加速度，m/s^2；

ρ——不同水层处水体密度，kg/m^3；

ρ^*——水库垂直方向的水体平均密度，kg/m^3。

潜在势能指数（APE）代表水体潜在的势能总量，表示水体完全混合时需外部施加的动能，其计算式为

$$APE=\frac{1}{Z}\int_{-Z}^{0}(\rho-\rho^*)g\,dz \tag{2-5}$$

式中 APE——潜在势能指数，J/m^4；

Z——水体总深度，m；

ρ——不同水层处水体密度，kg/m^3；

ρ^*——水库垂直方向的水体平均密度，kg/m^3；

g——重力加速度，m/s^2。

无量纲梯度理查森数表示克服密度梯度所需功的大小，其主要描述浮力对

水体垂向稳定作用与混合的非稳定作用之间的关系，为紊动动量与克服密度梯度阻力的比值，表示为

$$R_i = -\frac{g\left(\frac{d\rho}{dz}\right)}{\rho^*\left(\frac{du}{dz}\right)^2} \tag{2-6}$$

式（2-6）中分子和分母分别表征水浮力、紊动作用。R_i 数值越大，说明水体越趋于稳定分层，当 $R_i \gg 0$ 时，流体稳定分层；当 $R_i > 10$ 时，表明水体存在很稳定的层化现象，水层之前存在密度差，混合和摩擦很小，不同水层相互移动时不会产生紊动；当 $R_i < 0.25$ 时，表示有足够的动能克服浮力，水流不稳定，不同密度水层间扰动增加，垂向水体容易产生层间交换；当 R_i 接近 0 时，垂向水体处于中性状态，垂向密度几乎一致；当 $R_i < 0$ 时，流动处于非稳定状态，低温水可能在高温水之上。

布伦特-维塞拉浮力频率的平方（N^2）是水柱稳定性或密度分层的又一种度量方式，热分层水体中在扰动后受浮力作用在垂向上的水体平衡点的波动，这种震荡的频率被称为浮力频率。浮力频率的平方的具体计算公式表示为

$$N^2 = R_i\left(\frac{du}{dz}\right)^2 = \frac{g}{\rho^*}\left(\frac{d\rho}{dz}\right) \tag{2-7}$$

式中 N^2——浮力频率，s^{-2}。

当 $N^2 < 5\times10^{-5}s^{-2}$ 时，水体处于混合状态；当 $N^2 > 5\times10^{-4}s^{-2}$ 时，水体处于稳定分层状态；当 $5\times10^{-5}s^{-2} < N^2 < 5\times10^{-4}s^{-2}$ 时，水体为过渡（弱分层）状态。

无量纲韦德伯恩数是综合考虑稳定性、风力、混合层状况比率的参数，用于确定温跃层的倾斜程度以及由于这种倾斜而产生的导致水体扰动和混合的上升流。计算式为

$$W = R_i\frac{H}{L} \tag{2-8}$$

式中 W——无量纲数；

R_i——梯度理查森数；

H——混合层深度，m；

L——温跃层深度上湖库的长度，m。

表水层厚度（Z_e）与湖库最大深度（Z_{max}）的比值（Z_e/Z_{max}）是分析水体热分层稳定性最简单的方法。当 $Z_e/Z_{max}<0.5$ 时，湖库处于稳定热分层状态；当 $0.5<Z_e/Z_{max}<1$ 时，湖库的热分层可能被强风等扰动，发生垂向混合；当 $1<Z_e/Z_{max}<2$ 时，湖库在无风时有间歇性分层；当 $Z_e/Z_{max}>2$ 时，湖库不分层。

2.2.2 水库热分层过程对溶解氧的影响

热分层-混合是水库最重要的水动力过程之一，这个过程控制水库溶解氧等物质的迁移。水库热分层建立以后，水库垂向上分为表水层、温跃层和滞温层3层，垂向各层水体的水动力差异显著，水流运动主要限制在表水层，滞温层的水流很微弱，垂向各层溶解氧的变化差异显著。

表水层会在风力扰动、太阳辐射等作用下不断发生垂向混合。风能通常是表水层运动的主要能量来源，风作用于水面，在水气交界面形成剪切摩擦力，空气运动带动表层水体运动，形成的水面倾斜引发的垂直环流，在热分层湖库中这种垂直环流主要限制在表水层。同时由于白天和夜晚日内气温的差异，导致表层水温日内变化，形成垂向密度流，夜间表层冷水下沉至表水层底部，通过对流混合搅动整个表水层，表水层每天经历一次这种垂向对流混合。表水层的深度与纬度、湖泊形态、风力强度和吹程、水体透明度等有关。热分层水库中表水层湍流混合强烈，整个深度上水温、溶解氧垂向混合较为均匀。

温跃层作为表水层和滞温层之间的过渡层，温度梯度、密度梯度均很大，由此产生足以抵抗混合作用的扰动力。温跃层抑制水体垂向混合，像屏障一样限制水面风或底部摩擦引起的湍流动能的垂直交换，有效抑制了垂向上溶解氧等物质和能量的传递，因此在热分层强稳定期表水层对温跃层的溶解氧补给较少。

滞温层作为温度最低的下层，水流作用微弱，水流混合非常零散和微弱，一般不会发生剧烈的混合。滞温层的温度变化和溶解氧的补给主要是水体对流和紊动混合造成的，因此温度变化缓慢、溶解氧补给有限。滞温层的温度决定了湖库在秋季翻转形成等温的大概日期和热分层的持续时间，由于翻转主要决定因素是上下层水体密度差，水库表、底温差越大，密度差越大，秋季水库翻转出现得越晚。

热分层水库垂向各层间紊动程度差别很大，对垂向温度、溶解氧分布产生影响，水体的紊动程度可以用扩散系数来度量。热分层水库的扩散系数特点如下：

（1）水体水平方向无需克服浮力的影响，其水平扩散系数比垂直扩散系数大。

（2）各层间垂向扩散系数差异较大，表水层最大，滞温层次之，温跃层最小。

（3）滞温层和温跃层的垂向扩散系数与热分层稳定性成反比。

（4）热量的垂向扩散系数比溶解氧等物质的垂向扩散系数大。

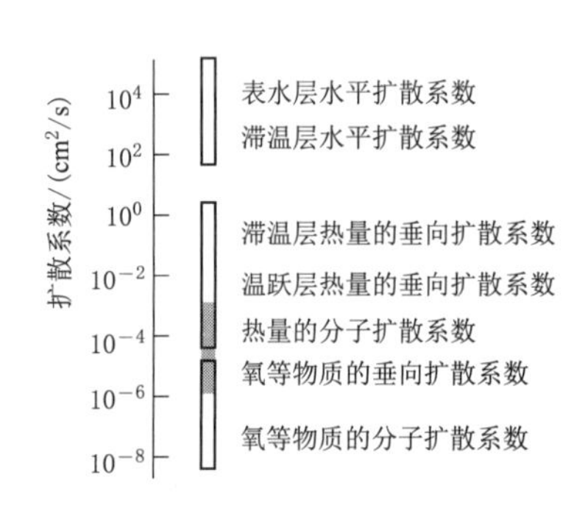

图 2-5 热分层水库垂向各层扩散系数

热分层水库垂向各层扩散系数如图 2-5 所示。表水层水平扩散系数最大，其热量水平扩散系数的数量级为 $10^2 \sim 10^4 cm^2/s$；氧等物质的分子扩散系数最小，数量级为 $10^{-8} \sim 10^{-6} cm^2/s$。滞温层水平扩散系数比垂向扩散系数大 1～2 个数量级，滞温层热量垂向扩散系数的数量级为 $10^{-2} \sim 10^0 cm^2/s$。温跃层热量垂向扩散系数比滞温层小，在热分层强稳定期温跃层的垂向扩散系数甚至与分子扩散系数的数量级相当，只有滞温层垂向扩散系数的 3%～5%。热分层强稳定期氧等物质的垂向扩散系数比热量的垂向扩散系数小 2 个数量级。

在风力扰动、太阳辐射、出入库等综合作用影响下，水库热分层期间垂向各层之间的水动力特征各不相同，这将对各层的能量、营养物质、生物等分布产生影响。水库热分层期间垂向各层混合时间估算示意如图 2-6 所示。

与热分层湖泊相比，水库泄水增大了水库流态的复杂性。热分层水库出水口的位置、出水流量大小等水力要素影响库区纵向一定区域的垂向流速分布，进而对水库水温、溶解氧等产生影响。热分层水库泄水在垂向上仅影响出水口附近一个相对较窄的水层，该层被称为泄流层（图 2-7）。不同的调度方式对热分层水库的水动力、水温、溶解氧产生较大影响，如当水库出水口位于底层时，在热分层期间泄水使得紊动在垂向的影响范围更大，对滞温层水体的干扰增强，增加了底部溶解氧等物质的垂向混合。

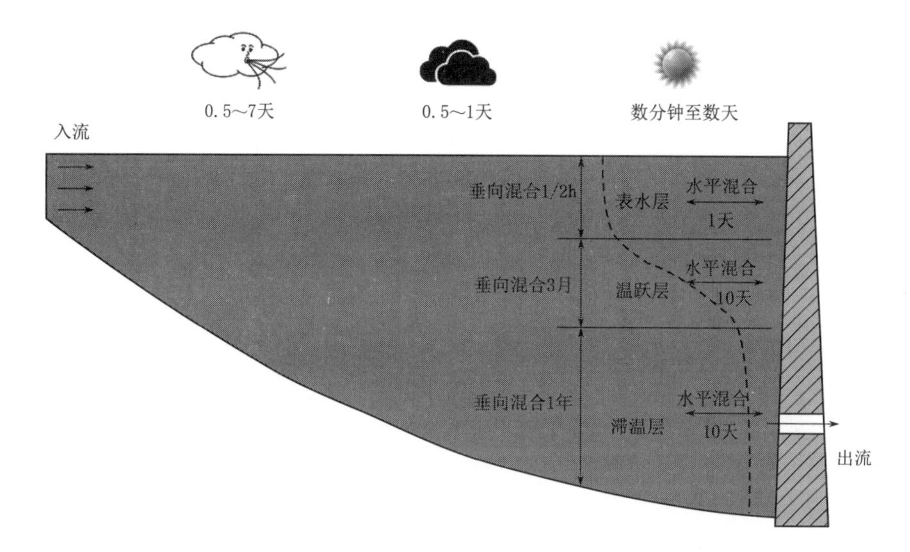

图 2-6　水库热分层期间垂向各层混合时间估算示意图

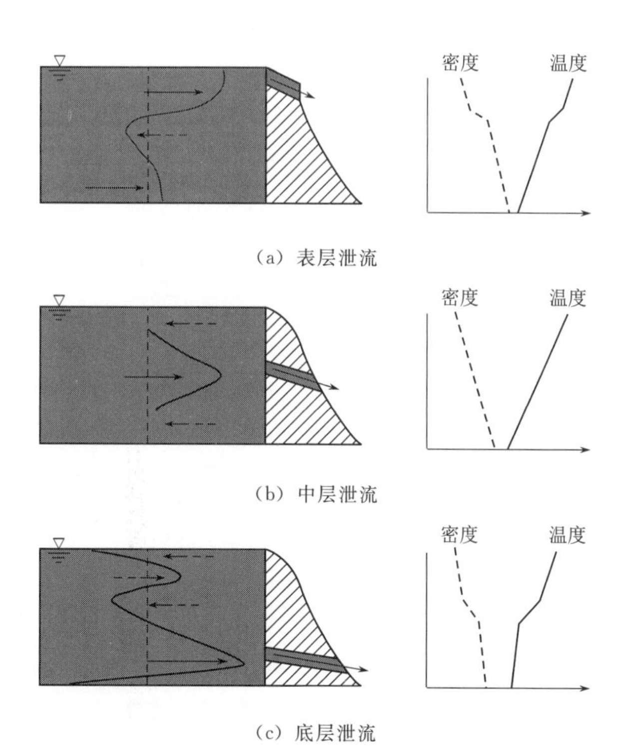

图 2-7　热分层水库不同高程出水口泄水对垂向流场、密度、温度的影响

2.3 水库生物和化学过程及对溶解氧的影响

2.3.1 水库生物和化学过程

水体中物质在无机环境和各类水生生物群落间循环。水生生态系统中的生产者诸如浮游植物、维管束植物等自养型生物通过光合作用将水中简单的无机物合成有机物；积累在生产者体内的物质被消费者诸如浮游动物、底栖动物、鱼类等利用，将植物的有机物转化成动物有机物；在各类细菌、真菌等作用下动植物的残体、粪便等有机化合物分解为简单的无机物，这些无机物将继续参与物质循环被生产者利用。这个循环过程中发生一系列复杂的生化反应，这些生化反应是水体生化过程的重要组成部分，也导致物质在水体中存在形式和浓度的变化。

水库中的生化过程复杂，本书仅分析与溶解氧循环相关的生化过程。水库中溶解氧等物质的循环与生物的光合作用、呼吸作用和分解作用紧密联系，这些过程中伴随碳的氧化还原过程，直接驱动氧、氮、铁、锰、硫的循环，间接驱动磷的循环。生物的光合作用将二氧化碳（CO_2）和水（H_2O）等简单分子转化为有机物的复杂分子，这个过程碳接受电子，将二氧化碳中高价态的碳还原成有机碳，碳被还原的同时，氧被氧化产生氧气（O_2）；相反，生物的呼吸作用和分解作用将有机化合物从复杂的有机分子转化为二氧化碳和水等简单分子，这个过程碳失去电子，将还原态的有机碳氧化成高价态的二氧化碳，碳被氧化的同时，氧等氧化物被还原，伴随氧气等氧化物的消耗。

生物的光合作用方程式为

$$CO_2 + 2H_2O \longrightarrow (CH_2O) + H_2O + O_2 \tag{2-9}$$

生物的呼吸作用和分解作用方程式为

$$(CH_2O) + H_2O + O_2 \longrightarrow CO_2 + 2H_2O \tag{2-10}$$

水中氧化还原电位（ORP）反映了水体上述循环过程之间的暂时平衡，表征水体倾向于接受还是提供电子，即水体氧化性或还原性的相对程度，表示氧化还原的潜力。若水体中含有大量氧化剂，则 ORP 偏高；若水体中含有大量还原剂，则 ORP 就偏低。水体 ORP 与氧紧密相关，溶解氧浓度下降，ORP 势必下降，在溶解氧逐渐降低的过程中氮、铁、锰、硫等从高价态被还原成低价态（图 2－8）。

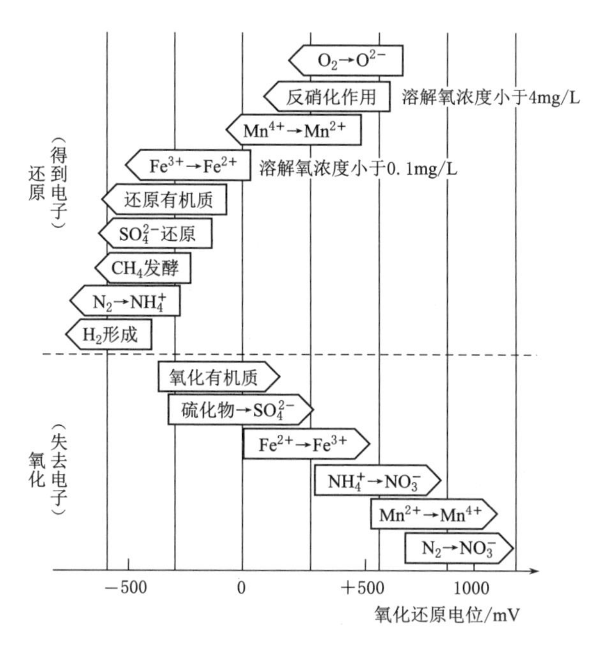

图 2－8　水体不同元素氧化还原过程对应的氧化还原电位示意图

水体中不同元素根据氧化作用的强弱排序，依次为氧气（O_2）、阴离子硝酸盐（NO_3^-）、锰的氧化物（Mn^{4+}）、铁的氧化物（Fe^{3+}）、硫酸根离子（SO_4^{2-}）。当水体溶解氧浓度降低至 4mg/L 以下时，ORP 下降至 300～400mV，反硝化反应发生，硝酸盐作为氧化剂被还原；随着溶解氧进一步降低，Mn^{4+} 被还原成 Mn^{2+}；当溶解氧浓度降低至 0.1mg/L 以下，ORP 下降至 200～300mV 时，Fe^{3+} 被还原成 Fe^{2+}；当水体无氧状态，没有溶解氧和其他氧化剂时，SO_4^{2-} 或者硫等还原成硫化氢，此时伴随有甲烷、氨等还原性气体产生。相反，随着溶解氧浓度的升高，ORP 逐渐上升，当溶解氧浓度大于 0.16mg/L 时硫化物被氧化，随着溶解氧的进一步升高 Mn^{2+}、Fe^{2+} 等也逐渐被氧化，这种变化对水生生物和水质影响很大。

氮、磷是水生生物关键限值营养元素，水体中氮、磷的循环与溶解氧浓度密切相关。随着水体氮、磷输入量的增加，水生生态系统某些特征性藻类（主要是蓝藻、绿藻）等浮游生物繁殖加速，初级生产力异常提高，随着藻类的死亡、分解消耗大量溶解氧，导致水体缺氧，影响水生生物的生存，也导致水质的恶化。因此本节将重点阐述水库氮、磷循环中的生化过程。

水库中的氮主要的存在形式有 NO_3^- 和亚硝酸盐（NO_2^-）、阳离子氨（NH_4^+）以及作溶解性有机氮化合物等，在好氧、厌氧等不同条件下，氮可以在气态、溶解态、颗粒态等形态之间循环（图 2-9）。氮的循环过程主要包括有氧条件下的硝化反应、厌氧条件下的反硝化反应等。溶解氧浓度降低至 0.75～0.85mg/L 时，进入水体的有机氮经过水解生成 NH_4^+。NH_4^+ 中的氮处于还原态，在有氧条件下将发生硝化反应，被氧化成 NO_3^-，这个过程生化耗氧，氧化 1mg NH_4^+ 需要 4mg 的氧。在有氧情况下，硝酸盐是天然水体中的无机氮最常见的赋存形式；在缺氧情况下，硝酸盐的还原能减缓水体溶解氧的消耗，有利于维持缺氧水体的氧化环境。反硝化反应是在溶解氧浓度低于 4mg/L 条件下 NO_3^- 和 NO_2^- 等氮氧化物还原成气态氮的过程，这个过程中溶解氧供应受限，氮氧化物作为氧化剂，降低了水体的需氧量。硝酸盐氧化效率较高，还原 1mg 的 NO_3^-（以氮计）相当于消耗 2.86mg 的氧。

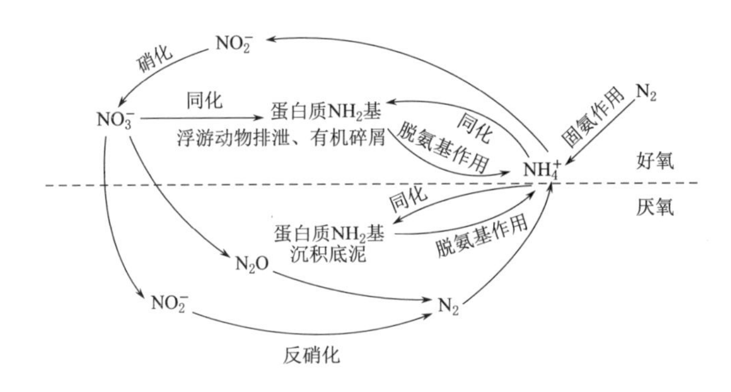

图 2-9 水体中氮的转换过程示意图

硝化反应方程式为

$$NH_4^+ + 2O_2 \longrightarrow NO_3^- + H_2O + 2H^+ \tag{2-11}$$

反硝化反应方程式为

$$(CH_2O)_{106}(NH_3)_{16}(H_3PO_4) + 94.4HNO_3 \longrightarrow 106CO_2 + 55.2N_2 + H_3PO_4 + 177.2H_2O \tag{2-12}$$

水库中的磷以溶解态有机磷、颗粒态有机磷、溶解态无机磷和颗粒态无机磷的形式存在，磷的循环与氮不同，它主要通过吸附在铁的（氢）氧化物、锰的氧化物颗粒上沉降脱离水体，随着颗粒物的溶解解吸回到水体。水生生物吸收的磷又称溶解性活性磷（Solubility Reactive Phosphorus，SRP）多为溶解态无机磷。磷的主要源汇包括藻类新陈代谢（捕食、吸收）、溶解性有机物的矿化、吸附沉降、沉积物-水界面交换、外部负荷等（图 2-10)。溶解态和颗粒态的磷通过吸附或解吸达到一种动态平衡，是自然水体中磷的主要循环过程。磷的吸附通常是在有氧条件下，磷酸盐在紧密地吸附于铁的氢氧化物［Fe (OOH)］絮凝体、锰的氧化物、铝的氢氧化物或有机颗粒等，形成 Fe-P、Mn-P（Fe^{3+}、Mn^{4+} 和吸附的磷酸盐形成的絮凝状物质）等沉淀；磷的解吸通常是在缺氧条件下，随着水体溶解氧的消耗，吸附磷的铁和锰的（氢）氧化物体被还原，沉积物中 Fe-P、Mn-P 溶解，释放磷酸盐。因此磷的循环与水体中铁、锰所处的形态密切相关，受水体溶解氧浓度的影响。

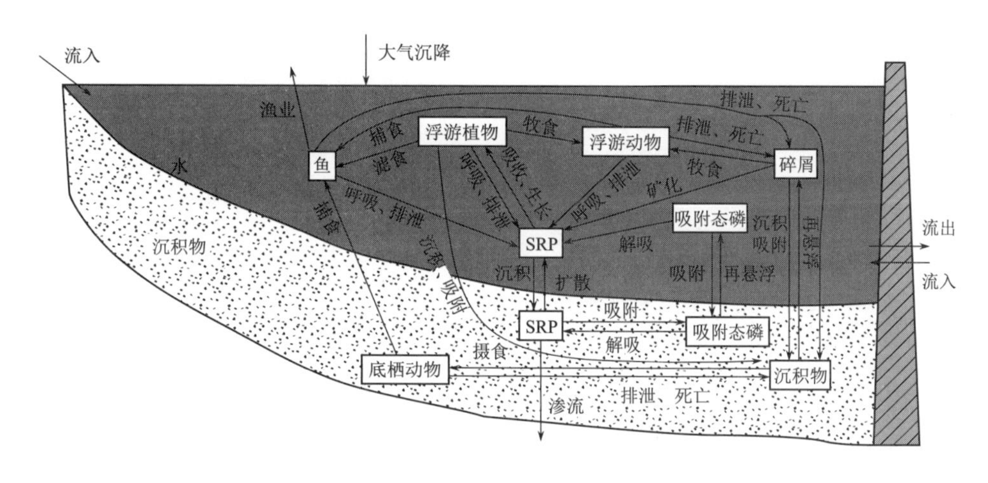

图 2-10 水体中磷的转换过程示意图

Fe-P、Mn-P 氧化还原作用敏感，在水库中相关反应发生在底部缺氧水体，据此本书提出了水体氧化还原界面的概念。水体中铁或锰等物质的氧化还原界面是指水体中铁、锰等氧化还原作用敏感的物质处于氧化环境、还原环境的界面。该界面以上物质处于氧化状态，该界面以下物质处于还原状态，该界面通常在沉积物-水界面附近。不同物质的氧化还原性质不同，该界面所处的深度不同；不同水体溶解氧的状况不同，该界面深度也不相同。对于铁（或锰）而言，水体中位于该界面以下铁（或锰）处于还原状态，吸附的磷解吸释放；位于该界面以上铁（或锰）处于氧化状态，Fe-P（或 Mn-P）稳定存在。由于锰的氧化性比铁强，因此水体中锰的氧化还原界面在铁以上。根据水体和沉积物氧化还原条件的不同，状态如下：

(1) A 状态：底部水体溶解氧浓度较高，一般在 4mg/L 以上，铁和锰的氧化还原界面处于沉积物-水界面以下，此时沉积物表层处于有氧状态，Fe-P、Mn-P 等稳定存在。

(2) B 状态：底部水体溶解氧浓度降低，铁和锰的氧化还原界面上移，锰的氧化还原界面上升至沉积物-水界面以上，铁的氧化还原界面仍处于沉积物-水界面以下，沉积物中 Mn-P 被还原，Mn^{2+} 和解吸的磷进入上覆水体，Fe-P 稳定存在，此时可监测到底层水体锰、磷浓度的升高。

(3) C 状态：底部水体溶解氧浓度降低至 0.1mg/L 以下，铁和锰的氧化还原界面均上升至沉积物-水界面以上，沉积物中 Mn-P、Fe-P 被还原，Mn^{2+}、Fc^{2+} 以及解吸的磷进入上覆水体，此时可监测到底层水体锰、铁、磷浓度的升高。

水体中 Fe-P、Mn-P 在水体中的不同状态如图 2-11 所示。

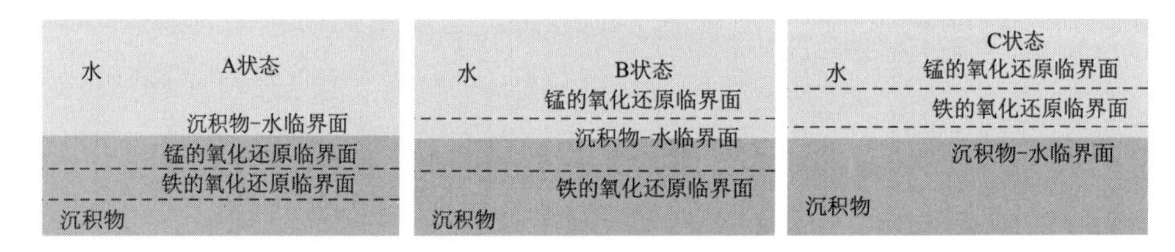

图 2-11 水体中 Fe-P、Mn-P 在水体中的不同状态示意图

2.3.2 水库生物和化学过程对溶解氧的影响

热分层期间，水库热分层影响各层溶解氧的垂向迁移，生物和化学作用也会使得各层溶解氧浓度出现显著差异，呈现出溶解氧的垂向分层。

热分层期间表水层的强烈混合对保持水中藻类悬浮非常重要，物质和温度一样在表水层均匀混合。表水层与大气接触，藻类等浮游植物有足够的阳光进行光合作用产生氧，为整个水库系统异养动物和微生物提供能量。在水库氮、磷等生源要素充足的条件下，热分层期温度适宜，藻类将大量繁殖，使得表水层溶解氧过饱和；随着浮游植物的生长消耗大量营养物质，表水层氨氮、溶解态的磷等浓度大大降低。表水层藻类大量繁殖的同时，死亡的藻类形成的有机颗粒物在重力作用下向下沉降，使得表水层营养物质减少。

温跃层温度梯度限制垂向掺混，也限制了表水层和滞温层之间的垂直交换，潜在减少了上下两层间氧等物质的穿越、混合，上层水体对温跃层溶解氧补给

较少。一方面，温跃层内浮游动物呼吸作用耗氧的同时，捕食大量浮游植物，导致光合作用产氧量减少；另一方面，从表层水沉降的大量有机颗粒，进入温跃层后缓慢沉降，在沉降过程中分解消耗氧气。水体中颗粒的沉降过程是由黏性阻力和重力间平衡决定的，颗粒的密度越大、直径越大，沉降速度越大。均匀球形颗粒在层流中沉降速度可由修改的Stocks方程估算，即

$$v_s = F_g - F_b - F_d = \frac{2g(\rho_p - \rho_w) r_p^2}{9\mu} \tag{2-13}$$

式中 v_s——沉降速度，m/s；

F_g——颗粒沉降受到的重力；

F_b、F_d——颗粒沉降过程中向上的浮力和阻力，N；

ρ_p——颗粒的密度，kg/m^3；

ρ_w——水的密度，kg/m^3；

r_p——颗粒的半径，m；

μ——水的绝对黏度，kg/(m·s)。

相关研究指出，进入温跃层的大部分有机颗粒体积较小（除硅藻外），密度与淡水密度接近，根据式（2-13）简单计算，其沉降速度很小，10μm的颗粒沉降10m需要40天。沉降过程中有机颗粒被异养细菌利用，有充足的时间矿化分解，在藻类生物量高的富营养化水库，表水层有大量有机颗粒下沉，在此过程中消耗大量氧气，因而温跃层会出现溶解氧浓度的显著降低。

滞温层水流混合微弱，水体扰动少，水温较低，缺少光照，大多数植物无法进行光合作用，发生在这里的生命活动主要为通过呼吸作用分解有机颗粒物。沉降至滞温层的有机颗粒多数体积较大、沉降速度较快、能快速沉降至库底沉积物表面，有机颗粒在滞温层沉降过程中分解耗氧有限，基本可以忽略不计。滞温层底部随着沉降至库底有机物的分解，以及动物呼吸作用等耗氧，随着水库热分层的持续，滞温层溶解氧浓度持续、缓慢下降，在热分层末期富营养化水库的底部出现低氧甚至无氧。秋季随着水库热分层的消失，垂向水体均匀混合，垂向溶解氧等物质的化学分层也随之消失。

在污染负荷的持续作用下，水库的营养型从贫营养、中营养、富营养、超富营养逐渐演变，在这种演变过程中底部滞温层溶解氧是最直接的指示指标。热分层水环境演变过程中，滞温层溶解氧过程如下：

（1）水体贫营养，水生生物生产水平低，底部溶解氧充足。

（2）随着外源污染增加，水体逐渐变成中营养，藻类等大量繁殖，大量有机物下沉，底部耗氧量增加、溶解氧含量逐渐降低。

（3）外源污染进一步增加，水体进入富营养状态，底部出现局部、短时间的缺氧，沉积物中磷的释放量增加，底栖生物群落发生大规模变化，物种丰富度大量降低、生长速率减慢。

（4）随着氧化物的消耗，水体缺乏缓冲缺氧的能力，底部缺氧范围扩大、持续时间增加，甚至出现无氧，还原性物质的大量产生，阻止水体再氧化，水体进入超富营养状态，水库一旦处于这个阶段缺氧事件将更频繁、更大范围地发生。

热分层水库以底部滞温层溶解氧浓度为指示的水环境状况演化如图 2-12 所示。

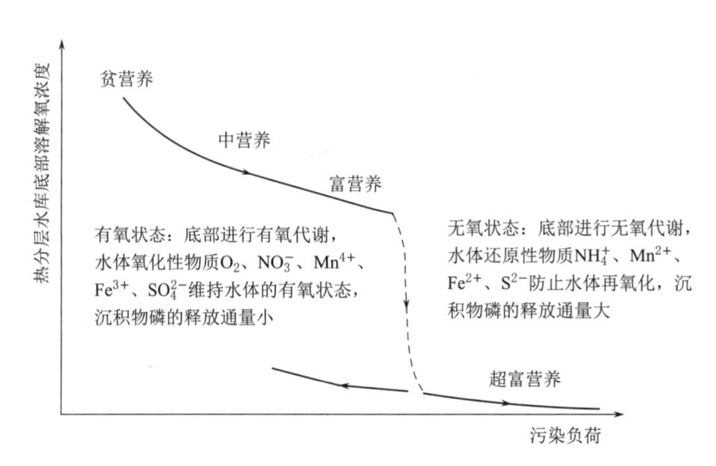

图 2-12　热分层水库以底部滞温层溶解氧浓度为指示的水环境状况演化示意图

滞温层处于有氧状态，水生生态系统本身除了溶解氧浓度维持一定水平以外，氮、锰、铁、硫等元素均以氧化态的形式存在，如 NO_3^-、Mn^{4+}、Fe^{3+}、SO_4^{2-}，这些物质作为维持有氧条件的缓冲物质，可增加生态系统抵抗扰动的能力，在水体溶解氧不足时这些氧化物能够发生还原反应，维持有氧环境；当水体处于缺氧状态，上述元素以还原态的形式存在，如 NH_4^+、Mn^{2+}、Fe^{2+}、S^{2-}，这些还原态的物质可不断消耗补给的溶解氧，保持水体厌氧的环境。随着污染物的大量输入，热分层水库滞温层从有氧环境变成缺氧环境，水库沉积物将会释放大量的磷、氨氮等，增加了水体启动物质自我循环过程的可能性；若保持污染负荷输入量减少，滞温层逐渐恢复有氧条件，内源负荷降低，水库水体将逐渐恢复至可接受状态。

热分层水库滞温层溶解氧浓度控制沉积物的内源负荷量，进而影响水体氮、磷的滞留效应。对于长期以来缺乏垂向溶解氧监测的热分层水库，分析水库的氮、磷滞留效应将有助于了解滞温层溶解氧浓度变化，特别是有助于掌握滞温层底部的缺氧程度。

与天然湖泊相比，水库调度导致水库水位的快速升降、不同水位的出水口高程和出水流量的控制等，对水体的扰动较大，进而会对水库热分层、溶解氧以及营养物质的迁移转化过程产生影响。此外，根据代谢理论的研究可知，水体呼吸作用与水温变化密切相关，水库调度影响水温分布的同时，也将影响水体生化反应速率，进而影响水体的耗氧速率，从而对溶解氧产生一定的影响。

2.4 热分层水库溶解氧影响因子的综合作用关系分析

热分层水库溶解氧的演化是水体水动力、热分层以及生化过程等多种因素交互作用的结果。水动力和热分层控制包括水库的入流、出流过程以及热分层的历时、强度、持续时间等，生化过程控制包括污染负荷、污染物浓度等。水库的调度运行以及入流氮、磷负荷对水库水动力、热分层、水体的生化过程有直接和间接的作用关系。结合对热分层水库溶解氧各类影响因子的梳理分析，提出了热分层水库水动力、热分层、生化作用和溶解氧间直接和间接相互作用的综合作用关系（图 2 - 13）。

（1）水库水动力过程与热分层相互影响，水库通过抽、泄水调度决定水库水体交换的能力，控制水库水体垂向混合的强度，影响能量的垂向传递，进而影响水温的垂向分布和热分层的稳定性；水库水动力过程影响水体氮、磷、溶解氧等物质的垂向迁移、混合，使得物质垂向混合均匀。

（2）水库热分层导致垂向分异性物理环境的形成，抑制水体垂向混合和物质、能量的垂向传递，热分层的稳定性大小影响水体垂向混合的强度和垂向各层水体的水力停留时间；热分层为水体垂向化学分层创造了物理条件，抑制各层水体溶解氧的补给强度的同时，垂向各层水温决定了生化反应的强度，影响各层溶解氧消耗强度。

（3）水库氧化还原等生化过程作用于溶解氧的补给、消耗和缓冲全过程，水生植物光合作用等补给溶解氧，水生动植物呼吸作用、有机物分解、无机物氧化等消耗溶解氧，硝酸盐等氧化物的还原反应氧化有机物能够缓解溶解氧的消耗；水库溶解氧浓度也控制水体氧化还原环境，控制硝化、反硝化等反应启动条件，影响生化反应进程。

（4）水库可通过控制调度和外源负荷影响溶解氧的演化，水库调度控制出流过程，影响水体垂向混合和热分层的强度，进而控制水温和溶解氧的垂向传递，影响溶解氧的补给和消耗强度；水库入库氮、磷等物质可刺激藻类等大量繁殖、增加水体耗氧作用，同时硝酸盐等氧化物也能缓解水体耗氧。

总体而言，热分层水库溶解氧演化是水动力、热分层以及生化过程等交互作用的结果。热分层使得水库垂向各层水体的水动力差异显著，溶解氧的垂向分层提供了分异性物理环境，溶解氧的演化高度依赖水库热分层模式；垂向各层不同生化过程的作用，为溶解氧空间差异性演变提供了驱动力。

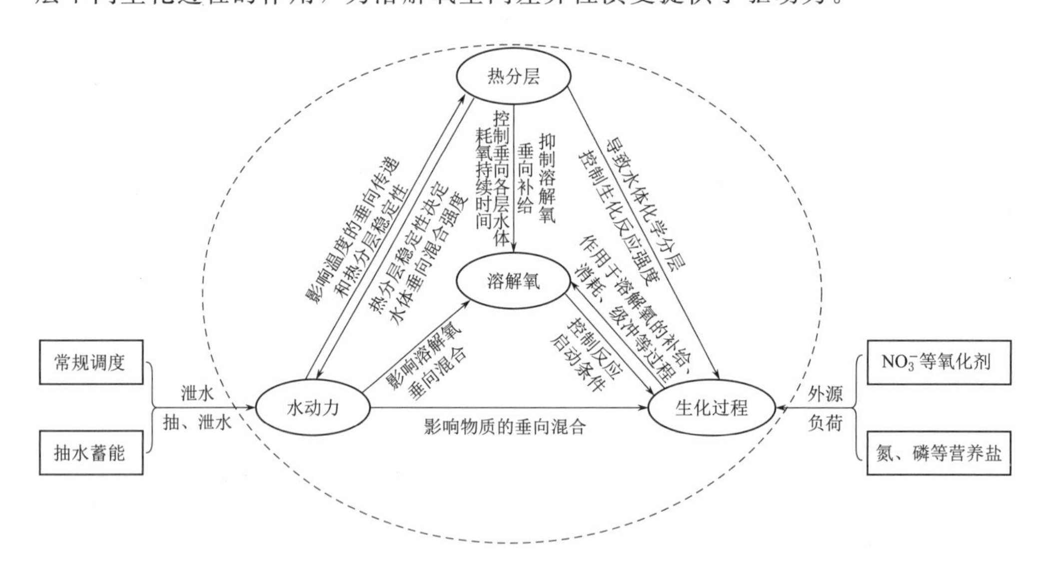

图 2-13 热分层水库溶解氧的影响因子综合作用关系示意图

第3章 热分层水库溶解氧演化机制分析

水库溶解氧演化受动力场、温度场、污染负荷浓度场等多重因素的影响，热分层水库这些影响因子具有显著的空间差异性，使得溶解氧发生分层-混合循环过程，溶解氧演化机理复杂。本章总结我国热分层水库溶解氧的演化模式，分析不同模式下溶解氧层化结构的形成及演化过程，厘清溶解氧演化的时空分布特征及影响成因，阐明热分层水库溶解氧的演化机制，制定热分层水库溶解氧演化的概念模型。

3.1 热分层水库溶解氧演化的过程分析

3.1.1 热分层水库溶解氧演化模式分析

水库蓄水后，不仅可以调节天然河流径流量的变化，还对库内的物质和能量起到调节作用。随着水库所处的地理位置、水库规模和水深的不同，水库中物质和能量的时空分布特征存在差异。水库溶解氧演化过程与水温的变化类似，呈现出有规律的层化结构，各个水库既有共同的规律，也有各自独有的特征。

1956年Hutchinson等根据不同纬度地区湖泊水温分层及循环过程对湖泊热分层进行分类，分为永冻型、冷单次混合型、双季对流混合型、暖单次混合型以及多次混合型等，中间三种类型均存在数月的稳定分层。我国存在的稳定热分层模式主要是双季对流混合型和暖单次混合型，这类水库一般水深较大。

水库溶解氧的演化很大程度上依赖水库的热分层结构，双季对流混合型和暖单次混合型水库溶解氧均呈现出以年为周期的一次或多次混合-层化模式。其中：暖单次混合型水库溶解氧在周期内表现为每年温暖的季节出现稳定的分层而冬季则混合，呈现“热分层-混合”的暖单次层化模式，具体如图3-1所示；双季对流混合型水库溶解氧演化在周期内经历了“热分层-混合-冷分层-混合”

过程，为冷、暖二次循环模式。两种模式溶解氧均在夏季处于分层状态，主要区别在冬季，双季对流混合型水库垂向混合后，随着气温的降低再次经历“冷分层-混合”过程，具体如图3-2所示。

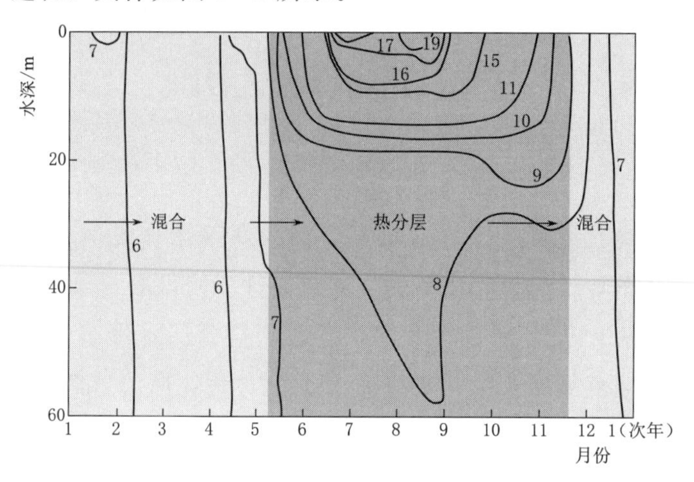

图3-1 典型暖单次混合型湖库水温分布图（英格兰爱德米尔湖）

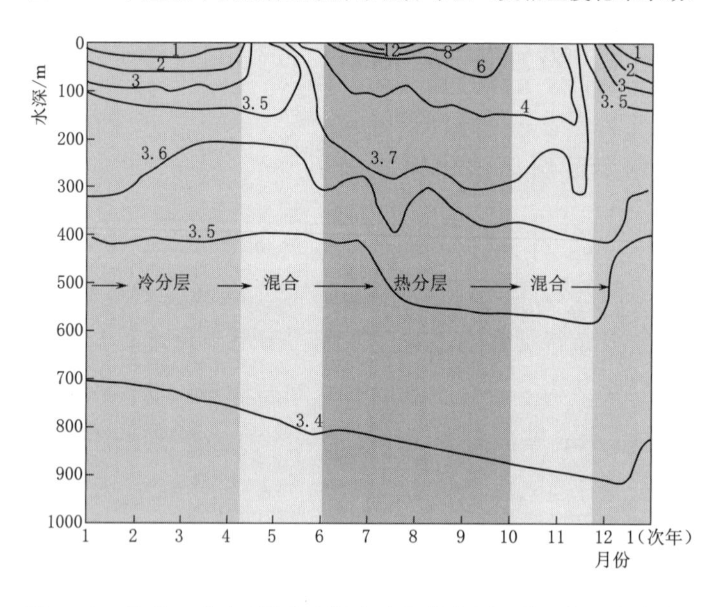

图3-2 典型双季对流混合型湖库水温分布图（俄罗斯贝加尔湖）

3.1.2 热分层水库溶解氧的演化过程

本节系统分析暖单次混合型、双季对流混合型等不同类型水库溶解氧的演化过程。

1. 暖单次混合型水库

梳理暖单次混合型水库溶解氧分层-混合的演化过程，具体如下：

(1) 冬季：气温较低，水库表层不封冰，在强大的垂向混合作用下水库能量和物质垂向混合均匀，水温和溶解氧上下一致，水温为一年中的最低值，溶解氧浓度处于饱和状态。

(2) 春季：随着气温的逐渐升高，表层水温逐渐升高，热分层逐渐形成，溶解氧的层化结构也逐渐出现，水温和溶解氧浓度均上高下低。表层溶解氧浓度较高，基本处于饱和或过饱和状态，表层以下一定深度溶解氧浓度随水深增加而降低，与冬季相比水库的下层溶解氧浓度略有降低。

(3) 夏季：随着气温的持续升高，表层水温持续升高，热分层、溶解氧层化结构均较为稳定，水温依然上高下低，溶解氧浓度随水深增加先减后增再减。与春季相比，表层水温达到全年最高值，底层水温略有升高，水库表、底温差较大，表层以下一定深度垂向水温随深度的增加急剧下降，温度梯度甚至高于2℃/m。此时，表层溶解氧浓度较高，处于饱和或过饱和状态；表层以下水温急剧降低的深度范围，溶解氧浓度也随水深增加急剧降低，浓度甚至降至 2mg/L 以下；水库下层水体溶解氧浓度随水深的增加先增后减。与春季相比，此时库底溶解氧浓度进一步降低，在沉积物污染较重的水库底部出现缺氧（溶解氧浓度小于 2mg/L）甚至无氧。

(4) 秋季：气温逐渐降低，表层水温随之下降，热分层稳定性减弱，溶解氧仍然处于分层状态，水温和溶解氧浓度均上高下低。此时，水库表层水温降低，溶解氧处于饱和状态；表层以下温度梯度最大的区域仍存在溶解氧浓度的较大幅度降低，但该现象出现的深度逐渐增加，溶解氧垂向浓度梯度减小；水库下层溶解氧浓度随水深增加逐渐降低。与夏季相比库底溶解氧浓度进一步降低，水库底部甚至出现缺氧或者无氧现象，在沉积物污染较重的水库氧亏层底部的缺氧程度加剧。

进入冬季，水库热分层和溶解氧的层化结构消失，水温和溶解氧垂向混合均匀，水温处于一年中的最小值，溶解氧均处于饱和状态。

热分层水库各季节溶解氧垂向分布如图 3-3 所示。

2. 双季对流混合型水库

双季对流混合型水库一般位于我国高纬度、高海拔地区，冬季随着气温的降低，库表形成稳定的冰盖，水温上低下高、再次出现分层。冬季分层过程中垂向整个水体溶解氧基本处于饱和状态，中下层随分层的持续溶解氧浓度略有降低，但溶解氧浓度降低速率远小于夏季暖分层过程。随着气温升高、表层冰盖的消融，水库再次经历垂向混合，水温和溶解氧垂向混合均匀，溶解氧浓度处于饱和状态。

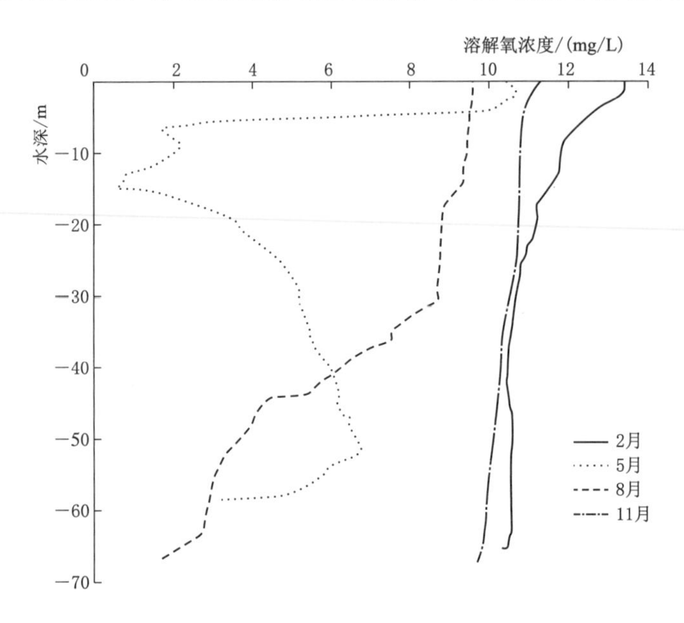

图3-3 热分层水库各季节溶解氧垂向分布图

在上述两种演化模式下，夏季暖分层期间水库的溶解氧层化结构最稳定，中下层溶解氧降低速率大，是水库最易发生缺氧问题的关键时期。本书主要研究热分层持续作用下溶解氧的演化机制及可能引发的缺氧问题，因此水库暖分层期间溶解氧的演化是本书的研究重点。

3.2 热分层水库溶解氧演化的空间特征及成因分析

3.2.1 热分层水库溶解氧的层化结构特征

水体溶解氧的演化受多个过程的影响，主要包括：①水-气界面的气体交换；②光合作用导致水体溶解氧浓度增加；③水生生物呼吸，有机物分解，其他还原无机物的化学氧化消耗氧气；④底部沉积物的耗氧；⑤水体的垂向混合。水体溶解氧的补给来源主要有上游来流、大气复氧以及水生植物光合作用；水体耗氧过程主要有水生生物呼吸作用、有机物分解、还原性无机物氧化以及沉积物耗氧等（图 3－4）。

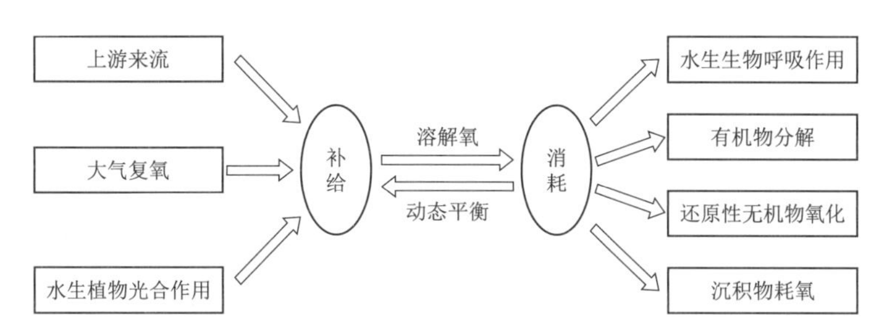

图 3－4　水体溶解氧补给与消耗概化图

热分层水库溶解氧受水体上游来流、大气复氧、水生植物光合作用的补给，受水生生物的呼吸作用、有机物分解、还原性无机物的氧化、沉积物耗氧等消耗，此外也受硝酸盐等氧化物的还原反应的缓冲作用，这些溶解氧的补给、消耗、缓冲作用发生的区域空间差异显著（图 3－5）。大气复氧、水生植物光合作用等溶解氧的补给过程主要集中在水库表层，水库的中下层以水生生物的呼吸作用、有机物分解等耗氧作用为主，沉积物耗氧主要集中在水库底层，硝酸盐等氧化物的缓冲作用往往在水库底部的缺氧水体中发生。

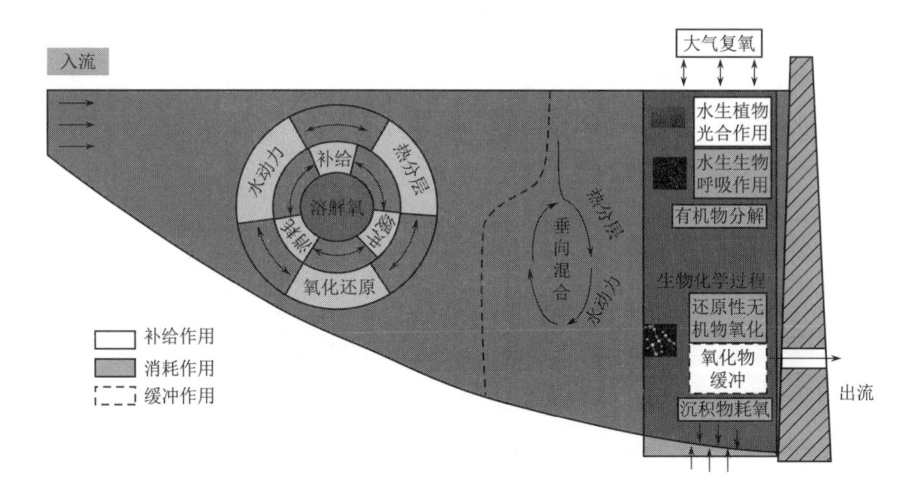

图 3－5　热分层水库溶解氧演化各种影响因素空间分布示意图

水库热分层使得垂向各层水体内水动力条件差异显著，控制溶解氧的分层-混合，使得水库水体的垂向混合也具有显著的空间特征。水温经历分层-混合的循环过程，混合期水体垂向混合作用强；热分层期间水温垂向分层，如暖分层期间水温垂向呈现出表水层、温跃层和滞温层三层结构。表水层水温高、水体垂向混合作用强；温跃层作为表层暖水向底层冷水过渡的中间层，较大的温度梯度导致较大的密度梯度，水体垂向混合作用弱；滞温层位于水库下层，水温最低，水体扰动小，水体垂向混合作用微弱。

热分层水库在上述各影响因子综合作用下，水体动力场、温度场和物质浓度场具有显著的空间差异，使得溶解氧呈现分层-循环的特征，分层期间溶解氧从上至下呈现出混合层、氧跃层和氧亏层的三层结构。混合层溶解氧垂向混合均匀，溶解氧浓度较高，达到饱和或者过饱和状态；在分层期间该层厚度逐渐增加，至分层末期达到水库总水深的一半左右。氧跃层溶解氧浓度随水深增加而急剧降低，甚至出现缺氧；随着分层的持续，该层厚度先增后减，出现的垂向深度逐渐下移。氧亏层溶解氧浓度随分层的持续缓慢下降，分层中后期可能出现缺氧甚至无氧的现象；热分层期间该层厚度逐渐减小，至分层末期厚度约为水库总水深的 1/3。

3.2.2 热分层水库溶解氧层化结构的成因分析

水库溶解氧的层化结构高度依赖水库热分层模式，溶解氧层化结构在热分层形成后逐渐产生，分层期间水温从上至下呈现表水层、温跃层、滞温层的三层结构，溶解氧从上至下呈现混合层、氧跃层、氧亏层的三层结构，二者一一对应，同步变化（图 3-6）。

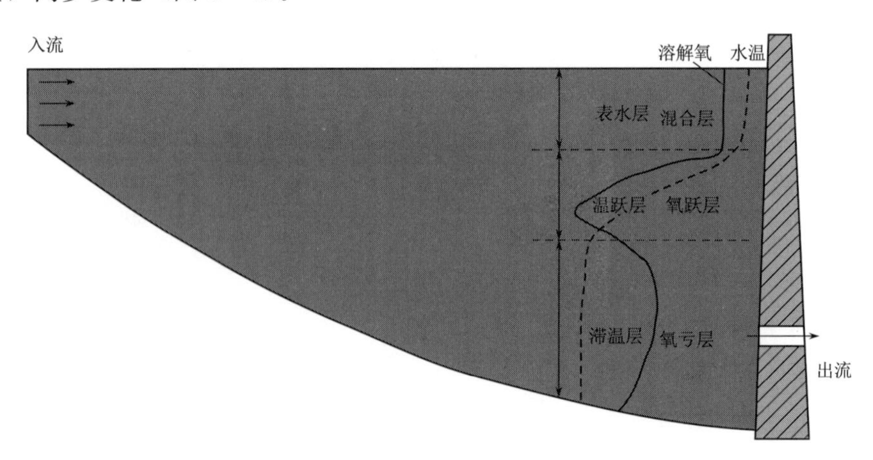

图 3-6 水库热分层结构与溶解氧层化结构空间分布图

表水层对应溶解氧的混合层，在风力扰动和太阳辐射作用下水体垂向混合均匀，水温和溶解氧垂向均匀分布，该层对应溶解氧的混合层。该层水温较高，溶解氧的补给主要集中于此，因而溶解氧浓度也较高。混合层接受大气复氧的同时，藻类等浮游植物有充足的阳光进行光合作用产生氧，在氮、磷等生源要素充足的富营养型水库，热分层期间水温适宜、藻类将大量繁殖，混合层溶解氧过饱和。

温跃层对应溶解氧的氧跃层，水库温跃层作为表层暖水向底层冷水过渡的中间层，较大的温度梯度导致较大的密度梯度，抑制水体的垂向混合，有效抑制了物质和能量在垂向的传递，从而抑制了上层水温、溶解氧向下的补给，该层水温和溶解氧均随水深急剧减小。该层以耗氧为主，层内浮游动物呼吸作用耗氧，同时浮游动物捕食大量浮游植物，导致光合作用产氧量减少；来自表水层藻类死亡形成的有机颗粒物在沉降至该层时分解耗氧。进入该层的大部分有机颗粒体积较小（除硅藻外），密度与淡水密度接近，由沉降公式（2－13）可知其沉降速度很小，10μm 的颗粒沉降 10m 需要 40 天，且随着温跃层水温的急剧降低、水体密度增大，有机颗粒与水体的密度差进一步减小，有机颗粒沉降速度随之减小，使得体积较小的有机颗粒有充足的时间在温跃层矿化分解，并在此过程中大量耗氧。经此矿化过程后，沉降至下层的有机颗粒大大减少，且多为体积较大、沉降速度较快的颗粒。在生源要素充足的富营养水库中，表水层藻类大量繁殖，沉降至温跃层的有机颗粒丰富，该层溶解氧浓度随水深增加急剧降低，甚至出现缺氧。

滞温层也是溶解氧的氧亏层，位于水库的下层，上层温跃层有效阻止了水面风浪等对滞温层的扰动，使得滞温层水体紊动微弱，一般不会发生强烈的混合作用，热分层期间滞温层水温较低、增温缓慢，溶解氧持续、缓慢降低。该层溶解氧的补给非常有限，以沉积物耗氧为主，沉积物耗氧主要是沉积物-水界面耗氧，包括水体向沉积物扩散的氧消耗和沉积物向水体扩散的还原物质氧化耗氧两部分，沉降至氧跃层的有机颗粒多体积较大、沉降速度较快，能快速沉降至沉积物表面，有机颗粒在氧亏层沉降过程中耗氧有限，基本可以忽略不计。相关研究指出，沉积物-水界面的耗氧物质主要源自近期沉降至沉积物表面的有机物以及 10 年内形成的沉积物中还原物质的释放，其大小由水体当前的生产力控制。在生源要素充足的富营养水库中，水库生产力较高，沉积物中耗氧物质丰富，热分层期间氧亏层溶解氧逐渐降低，在热分层中后期出现缺氧甚至无氧的现象。

暖单次混合型水库，随着表层气温的降低进入混合期，此时水库垂向混合作用强，水库水温低、各类生化反应强度减弱，水温和溶解氧上下混合均匀，溶解氧处于饱和状态。

双季对流混合型水库，随着气温降低，水库垂向混合后，冬季进入冰封期的冷分层阶段。表层形成稳定的冰盖抑制了风对水体的扰动，水体垂向混合作用减弱，水温上低下高，再次出现水温分层，表层水温略高于 0℃，底层水温最高在 4℃左右，表、底温差小。冬季分层期间冰盖阻隔大气与表层水体的气体交换，抑制了大气复氧，同时也限制了光照强度，抑制了水体的光合作用产氧，水体溶解氧的补给减弱，主要以耗氧为主。此时水温低、水库各类生化反应速率低，水库的耗氧强度小，因此冬季分层期间水体溶解氧浓度略有降低，此时垂向溶解氧均处于饱和状态。

3.3 热分层水库溶解氧演化的周期性特征及成因分析

随着热分层的形成、发展、消亡，水库垂向混合作用强度经历由弱增强再减弱的过程，生化作用强度受水温控制也经历强度的周期性变化，因此溶解氧的演化也经历了混合、层化结构形成、发展、消亡等周期性循环。具体来说溶解氧的演化以年为周期，周期内可细分为混合期、分层形成期、分层稳定期、分层消弱期四个阶段（图 3－7）。各阶段水动力和热分层特征、生化作用强度不同，溶解氧垂向分布差异性显著。

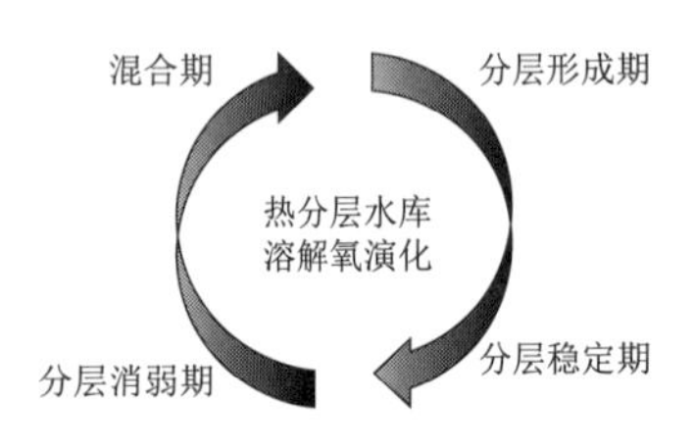

图 3－7 热分层水库溶解氧演化周期示意图

1. 混合期

混合期热分层水库水体垂向混合作用强，生化作用弱，溶解氧浓度上下基本一致，呈现 I 形分布（图 3－8）。混合期垂向各层水温较低，水体光合作用、呼吸作用、沉积物耗氧等生化反应速率低，水库在强大的垂向混合作用下能量和物质混合均匀，溶解氧上下一致，均处于饱和状态。

2. 分层形成期

分层形成期热分层逐渐形成，水体垂向混合作用减弱，水库生化作用增强，溶解氧的垂向分布与水温分层类似，呈反J形分布（图3-9）。随着热分层的形成，表层水温逐渐增加，温跃层形成，垂向混合减弱。该阶段溶解氧混合层温度适宜，藻类大量繁殖，光合作用产氧量大，溶解氧处于饱和甚至过饱和状态；氧跃层浮游动物呼吸作用、死亡藻类等有机颗粒沉降过程中迅速的分解作用等耗氧量大，此时温跃层温度梯度小，存在一定的垂向扰动和上层溶解氧补给，因此溶解氧浓度随水深逐渐降低，形成垂向反J形分布。

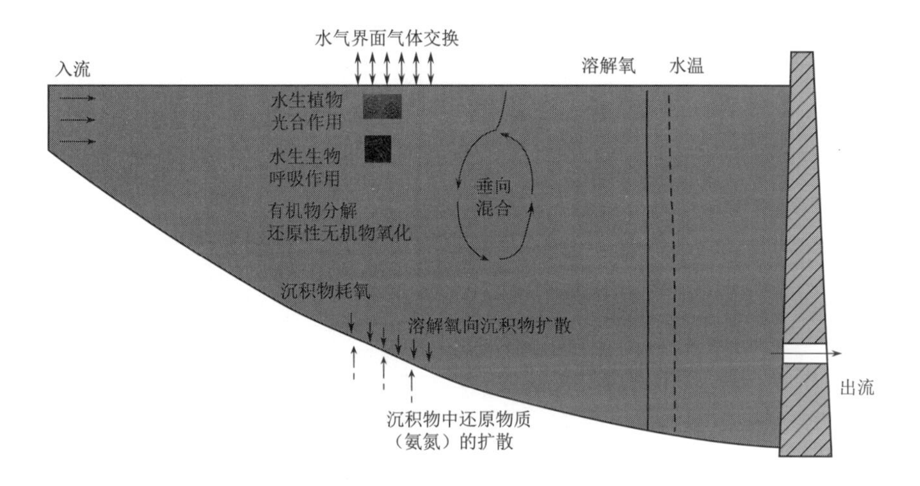

图3-8 水库混合期垂向溶解氧演化特征示意图

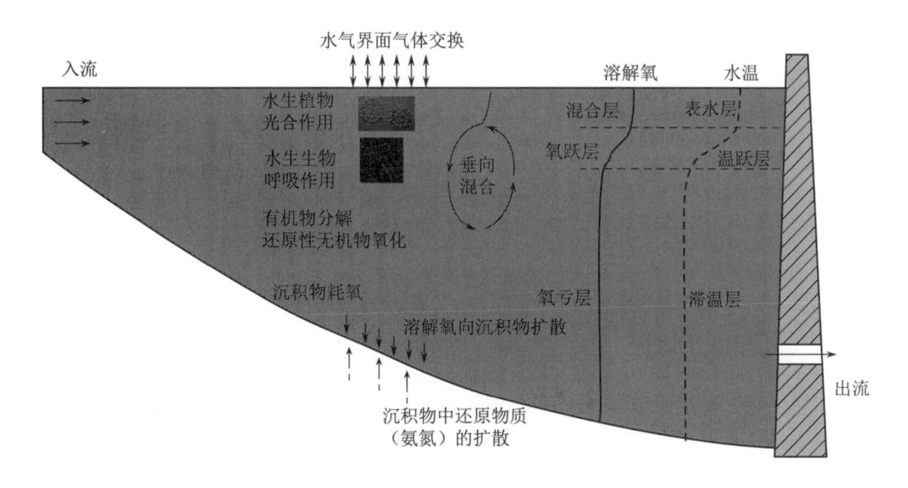

图3-9 水库分层形成期垂向溶解氧演化特征示意图

3. 分层稳定期

分层稳定期热分层最稳定，水体垂向混合作用微弱，水库生化作用持续增

强，溶解氧的垂向呈S形分布（图3-10）。此时，水库表底温差最大，温跃层较大的温度梯度极大限制了水体垂向混合，上层溶解氧向下的补给小。同时，随着水温持续增加，各层水体生化作用持续增强，为一年中生化作用最为活跃的阶段。混合层藻类光合作用产氧量大，溶解氧处于饱和甚至过饱和状态；氧跃层浮游动物呼吸作用、死亡藻类等有机颗粒沉降过程中的分解作用等耗氧量大，且垂向溶解氧补给微弱，溶解氧浓度随水深急剧降低，达到一年的最低值；氧亏层在沉积物持续耗氧作用下，溶解氧浓度逐渐下降，此时从沉积物释放的氨氮等还原物质逐渐增加，底部耗氧速率加快。在污染较重的水库，该阶段氧亏层底部可能出现缺氧甚至无氧。

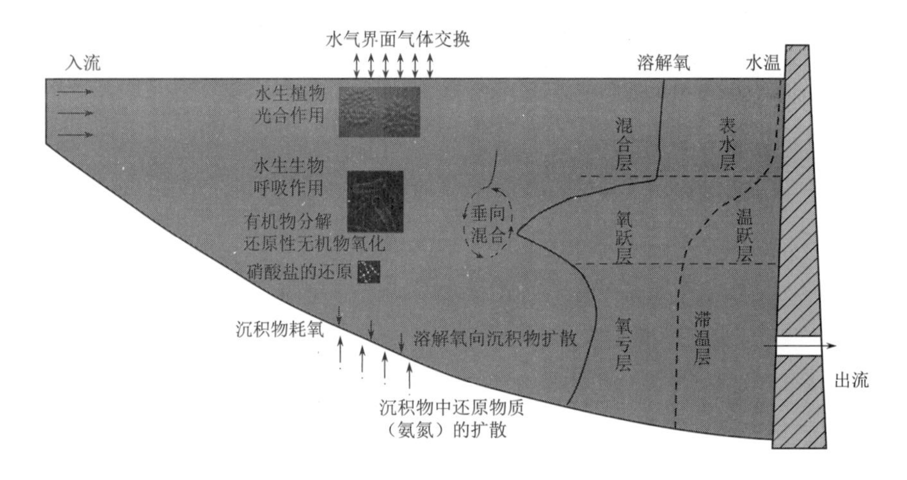

图3-10 水库分层稳定期垂向溶解氧演化特征示意图

4. 分层消弱期

分层消弱期热分层稳定性减弱，水体垂向混合作用增强，水库中上层生化作用逐渐减弱、下层生化作用持续增强，溶解氧垂向呈正J形分布（图3-11）。此时，表层水温逐渐降低，热分层稳定性逐渐减弱，温跃层的温度梯度减小，温跃层对水体垂向扰动的抑制减弱，水体垂向混合逐渐增强，溶解氧向下补给增加。随着表层水温的降低，混合层生化作用逐渐减弱，其中表水层水体藻类等浮游植物的繁殖、光合作用反应速率减弱，溶解氧处于饱和浓度，一般不会达到过饱和状态；氧跃层浮游动物生物量和呼吸作用耗氧强度随之减弱，垂向溶解氧的补给增加，氧跃层溶解氧随水深的下降浓度梯度减小，氧跃层底部溶解氧的最低浓度略有升高。氧亏层水温持续增加，达到一年中水温的最高值，沉积物耗氧作用增强，在沉积物持续耗氧作用下底部溶解氧达到一年的最低值，此时沉积物中氨氮、锰、铁等还原物质释放，并伴随有TP等物质的显著释放。随着氧亏层底部的缺氧，硝酸盐等氧化物发生还原反应，增强水体的氧化性，缓解水体溶解氧的消耗。在沉积物污染较为严重的热分层水库，水库分层消弱期氧亏层缺氧范围和缺氧程度大，TP、氨氮等内源物质大量释放，该阶段氧亏层底部缺氧程度与沉积物内源污染释放率正相关。

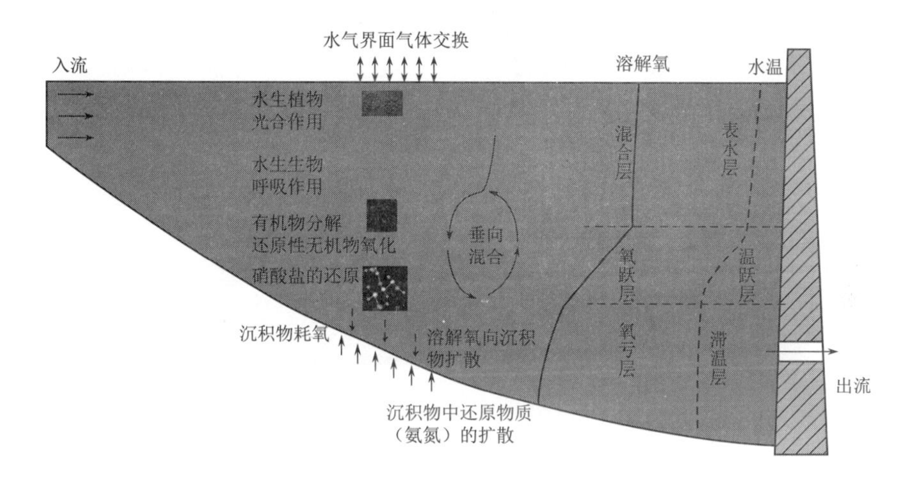

图3-11 水库分层消弱期垂向溶解氧演化特征示意图

3.4 热分层水库溶解氧演化的概念模型

热分层水库溶解氧演化受多种因素综合影响，本书以水库水域为研究对象，可以将这些因素分为水库水域的内部影响因素和外部影响因素，这些因素作用于水库的动力场、温度场和浓度场，最终导致溶解氧的变化。

溶解氧演化的外部影响因素主要有水-气界面物质和能量的交换、沉积物-水界面物质和能量的交换、出入流交换等（图3-12）。其中水-气界面物质和能量的交换作用于水库表面，主要包括风应力、太阳辐射、大气和水体间的长波辐射、蒸发散热、大气复氧等。出入流交换包括入库和出库的水量、水温、物质浓度等，入流作用为上游河流汇入，作用于库尾；水库出流一般作用在坝址附近，水库出流口的高程受人为控制，各水库存在差异。沉积物-水界面物质和能量的交换中，热量交换对水体的影响小，往往忽略采用绝热处理；沉积物-水界面物质交换主要包括水体向沉积物扩散的氧、沉积物向水体扩散的还原物质，这两部分共同组成沉积物耗氧，以及地下水水量补给等。

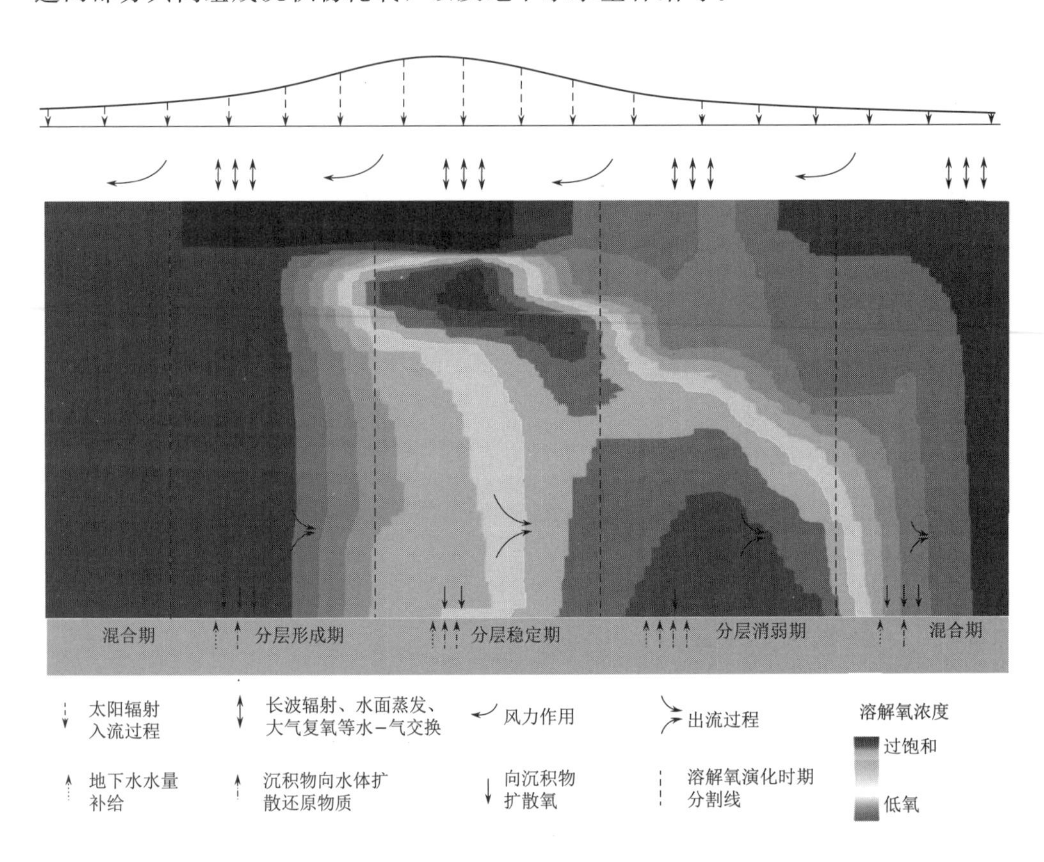

图 3-12　热分层水库溶解氧演化的外部影响因素及作用强度示意图

上述外部影响因素的作用强度呈现以年为周期的波动，其中太阳辐射强度在夏季分层稳定期最高，冬季混合期最低。上游来水水量大小和来水温度高低一般也呈现类似规律，夏季分层稳定期来水水量最大、水温最高，冬季混合期来水水量最小、温度最低，入库物质的浓度过程受人类影响较大，各水库存在差异；水库出流过程受人为控制，一般在分层形成期供水下泄水量较大，在分层稳定期泄洪水量较大。沉积物-水界面向沉积物扩散氧的强度在混合期最高，随后逐渐降低，至分层消弱期达到最低；沉积物向水体扩散还原物质的强度变化趋势正好相反，混合期最低，随后逐渐升高，分层消弱期最高；地下水通过沉积物-水界面持续不断的补给，水量补给较为稳定。

水库外部影响因素作用于水库的动力场、温度场和浓度场，是内部影响因素变化的动力，也是溶解氧演化的必要条件，外部影响因素对内部影响因素的作用关系具体见表 3－1。

表 3－1　外部影响因素对内部影响因素的作用关系表

外部边界	外部影响因素	对应的内部影响因素
水-气界面	风应力	动力场
	太阳辐射	温度场
	大气和水体间的长波辐射	
	蒸发散热	
	大气复氧	浓度场
沉积物-水界面	地下水补给	动力场
	热量交换	温度场
	水体向沉积物扩散的氧	浓度场
	沉积物向水体扩散的还原物质	
出入流	出入库水量	动力场
	出入库水温	温度场
	出入库物质浓度	浓度场

溶解氧演化的内部影响因素主要有水体的垂向混合、水温和热分层等水库动力场和温度场的周期性变化，以及光合作用、呼吸作用、有机物分解作用、无机物氧化作用、反硝化作用等生化过程引起的浓度场周期性变化等。各阶段内部影响因素的分布区域、作用强度具有显著差异，各项内部作用的强度用“＋”显示（图 3－13）。

垂向混合作用在分层形成期、分层稳定期、分层消弱期的上层混合层以及混合期的作用强度都很高，分层形成期和分层消亡期的中下层以及分层稳定期的下层垂向混合作用减弱，分层稳定期的中间温跃层垂向混合作用最弱。分层形成期、分层稳定期和分层消弱期水库处于稳定的热分层，热分层的强度先增后减，分层稳定期强度最大；水库水温在混合期最低，分层期间滞温层水温逐渐升高，表水层水温先增后减，分层稳定期表水层水温最高。

水库内部各项生化反应的强度由水温控制，光合作用主要集中在水库表层，在分层形成期和分层稳定期强度最高，分层消弱期强度次之，混合期强度最低。水生生物的呼吸作用和有机物的分解作用主要集中在分层期间的温跃层，温跃层中分层稳定期作用强度最高，分层形成期次之，分层消弱期强度最低。此外，该作用在水库混合期和分层期间的滞温层作用微弱。反硝化作用通常集中在水库的库底，在分层稳定期开始产生，分层消弱期最强，而混合期和分层形成期溶解氧浓度较高，该作用不启动。

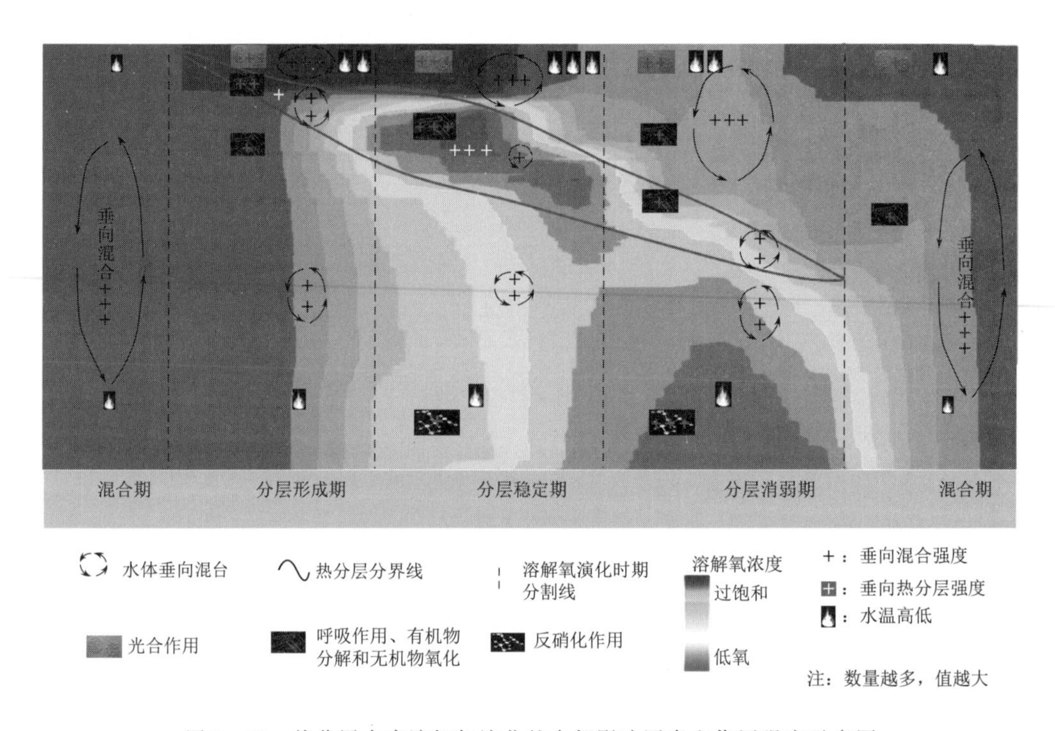

图3-13 热分层水库溶解氧演化的内部影响因素和作用强度示意图

上述驱动溶解氧演化的生化过程，与碳、氮的循环密切相关，也受铁、锰、硫等物质循环的影响。铁、锰、硫的循环受溶解氧浓度控制，在缺氧条件下启动。其中铁、锰以铁的（氢）氧化物、锰的氧化物颗粒态沉降至库底，在库底缺氧的情况下发生还原反应，向水体释放还原态的铁、锰，因此铁、锰的循环过程一般在沉积物中发生，对水库溶解氧的影响表现为沉积物还原物质的释放耗氧，可作为外部影响因素；硫循环在厌氧甚至无氧条件下启动，硫通常在水体中以硫酸盐的形式存在，库底富含有机质的沉积物中硫的含量较高，硫循环一般也在沉积物中发生，向水库释放还原态的硫化物，因此硫的循环过程与铁、锰类似，作为外部影响因素。磷在沉积物中主要以Fe-P、Mn-P等形式存在，均对氧化还原作用敏感，在库底缺氧时，沉积物中铁、锰的还原通常伴随有磷等内源污染的大量释放。

在内、外部影响因素共同作用下，热分层水库溶解氧的演化体现为混合期的饱和浓度、均匀混合；分层期表层大气复氧和富营养作用下的溶解氧的过饱和，温跃层阻隔作用下有机物聚集、消耗的缺氧，底部沉积物耗氧作用下的氧亏。在上述内、外部影响因素共同作用下，热分层水库溶解氧演化的概念模型图如图 3-14 所示。

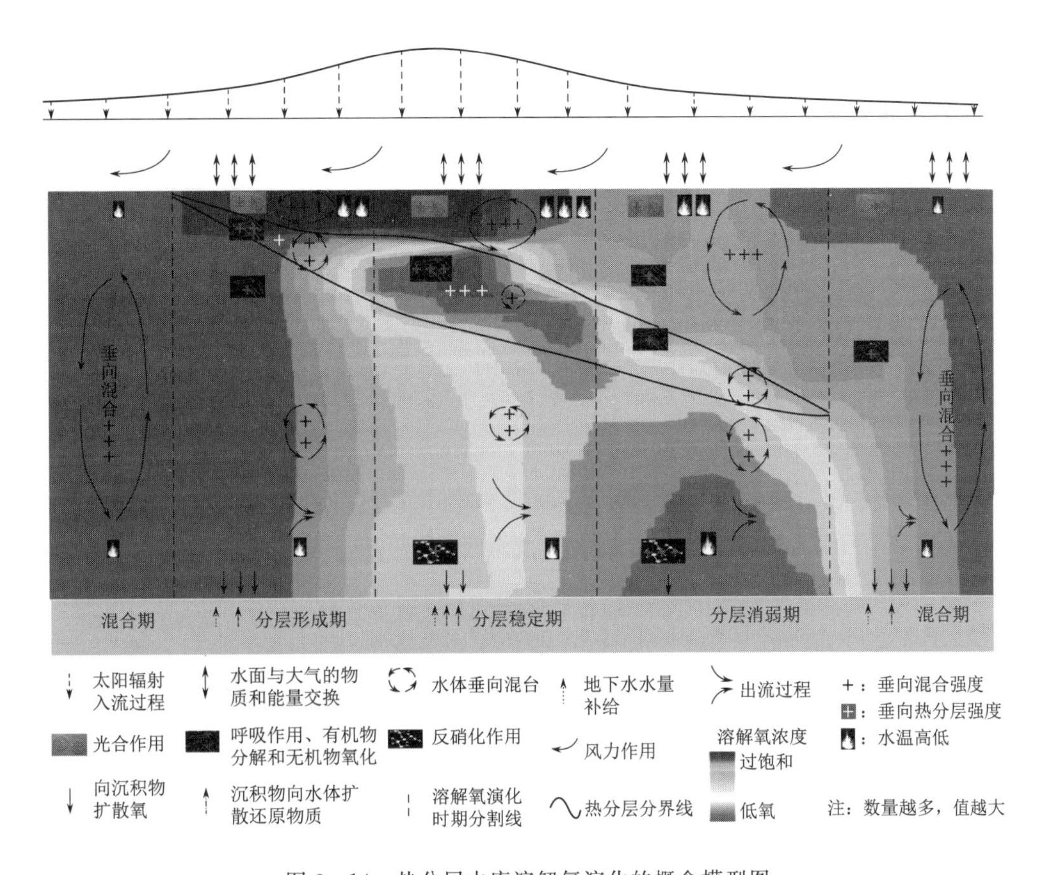

图 3-14　热分层水库溶解氧演化的概念模型图

影响溶解氧的主要外部因素包括：水流的入库和出库；水-气界面的风应力作用、温度交换和大气复氧；沉积物-水界面的耗氧。影响水体的内部因素包括：水体的垂向热分层、混合等过程；光合作用、呼吸作用、有机物分解作用、无机物氧化作用、反硝化作用等生化过程等，主要为水动力、热分层过程以及溶解氧、碳、氮的循环的生化过程。水体碳循环过程中包括水体浮游植物的生长等，磷、硅等元素可能成为这些过程的限制因子，因此也需要根据具体情况增加磷、硅等循环。

3.5 小　结

本章系统分析热分层水库溶解氧演化模式和演化过程、时空分布特征及影响成因，阐明热分层水库溶解氧的演化机制，提出了热分层水库溶解氧演化的概念模型，得到的主要结论如下：

(1) 我国热分层水库溶解氧的演化模式主要有“暖分层-混合”的暖单次层化模式和“暖分层-混合-冷分层-混合”的冷暖二次层化模式。两种模式均在水库暖分层期间库底最容易缺氧，暖分层期是水库最易发生缺氧问题的关键时期。

(2) 溶解氧演化受动力场、温度场、污染负荷浓度场的影响，热分层水库这些影响因子具有显著的空间差异性，使得溶解氧发生分层-混合循环过程，分层期间溶解氧呈现出垂向混合层、氧跃层和氧亏层的层化结构。混合层溶解氧混合均匀，处于饱和或过饱和状态；氧跃层溶解氧浓度随水深增加而急剧降低，甚至出现垂向最小值；氧亏层随着分层的持续溶解氧浓度持续、缓慢下降。

(3) 溶解氧演化以年为周期，根据周期内溶解氧垂向结构的不同，可细分为混合期、分层形成期、分层稳定期、分层消弱期四个阶段，各阶段溶解氧垂向分别呈I形、反J形、S形、正J形特征。

(4) 以热分层水库为研究对象，系统总结水库溶解氧演化的内、外部影响因素及作用强度变化，制定了热分层水库溶解氧演化的概念模型。概念模型明确水库水-气界面、沉积物-水界面等边界的外部影响因素、作用强度及作用方式，明晰水库垂向混合、水温、热分层及主要的生化过程等内部影响因素作用强度的时空分布。

第 4 章　潘家口水库概况

选取滦河流域潘家口水库为案例水库，本章通过现场调查、资料分析等手段，系统梳理了潘家口水库工程概况及所在的滦河流域基本特征等，详细介绍了潘家口水库工程概况、滦河流域自然环境概况、滦河流域社会环境概况，以及潘家口水库水环境状况。

4.1　潘家口水库工程概况

潘家口水库建于 1980 年，位于河北省承德、唐山交界处的滦河干流，承德市下游，北纬 40.39°～40.62°，东经 118.18°～118.36°。水库控制流域面积 3.37 万 km^2，主要为高原和山地（图 4-1）。

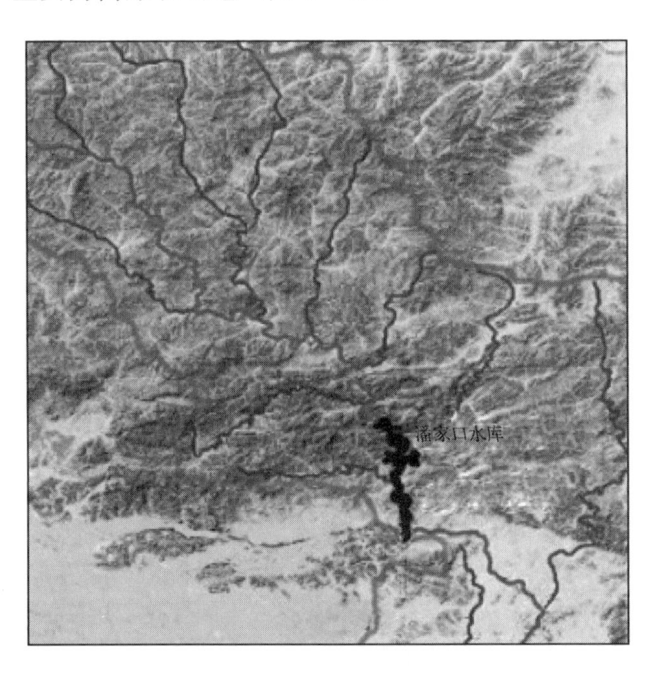

图 4-1　滦河流域及潘家口水库位置示意图

潘家口水库作为引滦入津工程的龙头水库，承担着向天津市、唐山市供水的任务，水库以供水为主，兼顾防洪、发电；同时潘家口水库作为潘家口抽水蓄能电站的上池，承担着京津唐地区电网的调峰任务。

引滦工程的水源工程主要由潘家口、下池、大黑汀3个水库和引滦枢组闸等工程组成（图4-2），潘家口、下池、大黑汀3个水库自上而下首尾相接，形成联合调度、相互影响的水库群，自1983年正式供水以来，引滦工程已经向天津、唐山市供水422亿m^3。潘家口抽水蓄能电站1994年投产运行，是国内第一座混合式抽水蓄能电站，也是京津唐电网的主力调峰电站之一，包括潘家口水库（上池）和下池两部分。

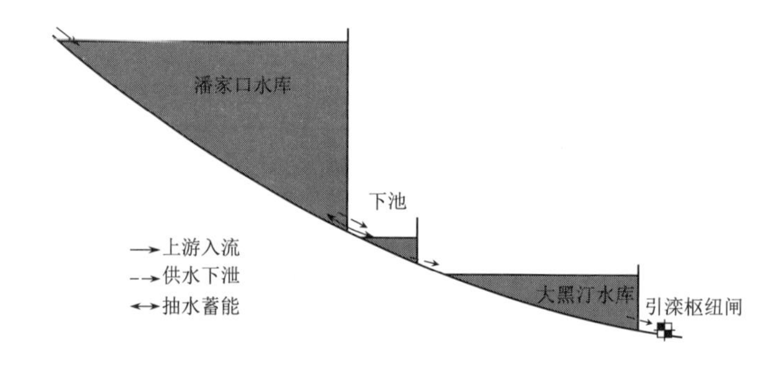

图4-2 引滦工程的水源工程主要组成示意图

潘家口水库为峡谷型深水水库，回水长度80km，水域面积69km^2，库区水面宽200～1000m，平均水面宽不足500m；水库近十年最大水深的变幅为33～69m，平均为55m，最大水深71m；现状总库容19.13亿m^3，近十年水库多年平均径流量仅8.71亿m^3，近十年水库平均水力停留时间2.20年，该水库为多年调节水库。潘家口水库主要指标如图4-3所示。

潘家口水库工程的主要任务是调节水量，供天津、唐山工农业用水，结合供水发电，并兼顾防洪。1975年10月水库主体工程开始施工，1979年下闸蓄水，1981年4月常规机组发电，1983年工程试通水，1984年正式向天津市、唐山市供水。潘家口水库坝体设置1台常规机组用于水库向下游供水，设置3台蓄能机组用于水库抽水蓄能时的抽、泄水，机组分别位于水库死水位以下14m、10m。根据水库运行调度原则，电站运行分为供水调度、抽水蓄能调度。水库的供水调度是在潘家口水库有向下游大黑汀水库放水任务时，制定水库放水计划，通过常规机组下泄；水库抽水蓄能调度是在潘家口水库无供水任务时，蓄能机组按照“抽、发水量平衡”的原则向下池抽、放水，为电网调峰运行。潘家口水库供水调度的特点是短时间、大流量集中下泄，而抽水蓄能调度的特点是局部、高频率、往复作用。

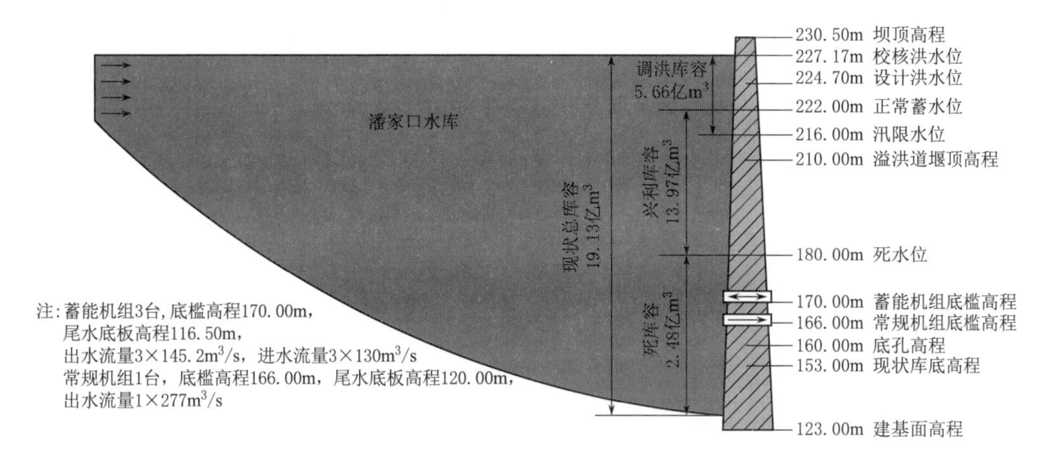

图 4-3　潘家口水库主要指标示意图

4.2　滦河流域自然环境概况

滦河是海河流域四大水系最北的一支水系，也是华北地区第二大独立入海的河流，东经 115°～119°，北纬 39°～42°，河流全长 888km，流域总面积 4.47 万 km^2。滦河迂回于山间峡谷，至潘家口附近越长城，经滦县进入平原，最终经河北省乐亭县注入渤海湾。

4.2.1　地形地貌

滦河流域地形差异较大，地形总趋势由西北向东南倾斜。按地质条件、地貌形态和成因类型等由北向南分布有坝上高原、燕山山地、南部平原 3 种主要地貌类型，其中高原和山地占 98%，平原占 2%。

流域上游为坝上、围场高原区，包括内蒙古高原东南边缘和河北张家口西北的坝上地区，海拔为 1400.00～1800.00m。内部地势平坦，地表呈波状起伏，个别有桌状山丘分布，滩地、岗梁相间分布，多风蚀洼地，有大片沼泽分布，具有典型的高原地貌特征。

流域中游为冀北、燕山山地丘陵区，海拔在400.00m以上，河流多垂直切割山脉，地势上沟壑纵横，多座千余米的孤峰林立于此，形成峡谷地貌，间有黄土丘陵或小盆地。

流域下游为燕山山前平原和滦河三角洲平原，坡降为1/300～1/1000。由于滦河坡降和流量较大，河流含沙量达到$3kg/m^3$，在河流下游泥沙堆积形成了典型的扇状地貌。

4.2.2 土壤植被

滦河流域覆盖有13种不同类型的土壤，土壤分布遵循地域分异的基本格局。在气候、成土母质、水文、植被和人类活动等土壤形成条件的作用下，其土壤类型以草甸土、森林土、栗钙土、棕壤、潮土和褐土等为主。流域上游高原区以栗钙土、草甸土、风沙土和沼泽土为主要土壤类型。在冀北山地丘陵区，以棕壤和褐土分布最广，约占全流域土地面积的70%，其中棕壤分布在海拔600.00～1000.00m冀北山地的中低山上部，褐土分布在低山、黄土丘陵区和平坦的台阶地。滦河三角洲平原广泛分布着潮土和潮褐土。

整个流域棕壤的面积最大，主要分布在滦河中上游丘陵地区，占流域总面积的29.12%；其次为褐土，广泛分布在下游低山丘陵和山前平原地区，占流域总面积的26.48%。

流域共包括4大植被区，包括坝上森林草原区、山地丘陵落叶阔叶林区、平原落叶阔叶林和栽培作物区、滨海平原衍生植物栽培植被区。流域上游地区以温带草原为主；中游地区地势起伏不平，气候差异较大，按垂直地带性分布有温带落叶阔叶林、温带针阔混交林和温带落叶灌丛及草本植被；下游地区多为平原河谷地貌，人类活动较为频繁，多为人工栽培植被。

4.2.3 气候气象

滦河流域位于中纬度亚欧大陆的东岸，南部属于暖温带，向北至河北省北部逐渐过渡为寒温带，由东南向西北依次分布有湿润、半湿润、半干旱的大陆性季风气候。气候呈现夏季炎热多雨，春秋干旱少雨，冬季寒冷干燥的整体特征。

流域多年平均气温为2～11℃，降水量300～800mm，蒸发量1000～

1700mm。流域冰冻期一般从12月至次年3月，河槽冰冻期约100天，冰层厚0.2～0.8m，最大冻土层深0.8～1.2m。流域全年无霜期约70～200天，上游无霜期70～120天，丘陵山地无霜期120～170天，下游平原区无霜期180～200天。流域多为西南风，上游年平均风速3.4～4.9m/s，其中坝上大风日数可达116天，承德一带大风日数可达63～93天（大风日数为瞬时风速等于或大于17.0m/s的天气日数）。

潘家口水库附近年平均气温8℃，平均降水量为700～800mm，平均蒸发量为1033mm，无霜期181～273天，年平均风速为2m/s。

4.2.4 水文泥沙

滦河流域水量较为丰沛，多年平均径流量为46.94亿m^3，占河北全省地表水总量1/4左右。流域年径流的时空变化与降水情况基本同步，受季风气候的影响，滦河径流量年内分配不均。年内最大月径流量一般发生在8月，约占全年总量的30%，7—10月连续4个月径流量约占全年总量的70%；年内最小月径流量一般不超过全年总量的2%。径流量年际丰枯变化较为悬殊，常出现连续丰水年和枯水年。

滦河属多泥沙河流，大部分泥沙产生于汛期，主要来自高原、山区，以风蚀和水蚀为主。其中：风蚀为坝上高原北部的主要侵蚀形式，向南逐渐过渡为风力与水力的共同影响；水蚀为坝下山地丘陵的主要侵蚀形式，且水蚀均以面蚀为主，沟道侵蚀次之，并伴有山洪泥石流的综合影响。潘家口、大黑汀水库修建前，山区产沙量几乎全部入海，使得滦河三角洲增长较快，平原河道冲游变化大。潘家口、大黑汀水库建成后，水库蓄浊供清使下游河道泥沙规律发生了较大变化，潘家口水库蓄水以来库区泥沙淤积超过1亿m^3。

4.3 滦河流域社会环境概况

滦河流域涉及河北省、内蒙古自治区和辽宁省3个省区的27个市、县（区）、旗。河北省包括承德市、唐山市、秦皇岛市、承德县、宽城县、兴隆县、隆化县、迁西县、迁安市、平泉县、滦平县、围场县、丰宁县、沽源县、滦县、滦南县、唐山市曹妃甸区、乐亭县、抚宁县、青龙县、卢龙县和昌黎县，共22个县（市、区）；内蒙古自治区包括多伦县、正蓝旗、太仆寺旗和克什克腾旗4个旗县；此外还有辽宁省凌源市的一部分。

滦河流域总人口约1341.85万，其中城镇人口471.52万，占流域总人口的35.1%，平均人口密度225人/km^2。流域人类活动强度呈梯度特征，上游高原地区人口密度较小，人类活动强度较弱；中游丘陵地区人口密度增大，人口活动强度增加；下游平原地区人口密度最大，人类活动最强。

滦河流域是京津冀地区重要的工业基地，有煤、金、铝锌及黄石、云母、磷石灰等丰富的矿产资源和电力、水泥、冶金、陶瓷等工业。流域内有耕地多万亩，粮食作物和经济作物的种类较为齐全，主要有小麦、玉米、谷子、棉花、花生等，其中迁西县是我国著名的板栗产区。

滦河流域内经济发达，但地区间发展不平衡。流域上游地区主要以农牧和旅游业为主，经济相对落后，生产总值仅占全流域的1.1%左右；流域中下游的承德、唐山及秦皇岛是河北省重要城市，农业和工业资源丰富，经济发达。

4.4 潘家口水库水环境现状

潘家口水库是我国华北地区重要的水源水库，20世纪90年代以来水库TN、TP浓度持续升高，长期处于Ⅴ～劣Ⅴ类水平，水体处于富营养化状态。这一方面与水库来水水质常年为劣Ⅴ类，主要超标指标为TP、氨氮、TN有关；另一方面也与历史上该水库网箱养鱼无序发展、饵料大量施用加重库底沉积物污染有关。对水库沉积物的调查研究表明，水库沉积物处于有机污染状态，且已达到严重污染级别，内源负荷可能对水质产生一定影响。

2016年潘家口水库启动取缔网箱养鱼工作，并于2017年全面清除网箱；同时近年来水库上游加强治污力度，滦河上游来水氨氮、磷浓度大幅度降低。但目前潘家口水库沉积物污染负荷的存量大、内源污染释放风险高，现状治污措施作用下潘家口水库水环境状况及演变趋势是目前水库管理中被高度关注的问题。

第5章　潘家口水库溶解氧的演化规律分析

为了探明潘家口水库溶解氧的演化规律，本章以溶解氧为核心指标，设置本研究的水质监测方案，对水库开展系统监测。根据监测结果，分析潘家口水库水质的时空变化规律和溶解氧演化特征，研究水库水动力、热分层和生化作用对溶解氧的影响，厘清水库溶解氧演化的关键控制条件，以期深化对大型深水水库水环境演变特征的认识，为该类水库的水环境保护提供科学指导。

5.1　潘家口水库的监测

5.1.1　监测方案

为了分析潘家口水库溶解氧在热分层作用下的演化机制，本研究系统监测和收集了水库溶解氧、水温以及与溶解氧循环密切相关的氮、磷、铁、锰、硫、叶绿素a等物质浓度。根据潘家口水库地形条件等，沿程布设1#～16#共16个监测点（图5-1）。

本研究于2017年5月—2018年11月采用YSI EXO便携式水质监测仪进行逐月垂向水质监测，主要指标包括水深、水温、溶解氧浓度、叶绿素a浓度、pH值等，垂向每0.2m记录一次数据。

本研究于2018年5月、8月、11月以及2019年8月、10月、11月对坝前（16#）、潘家口（10#）进行分层水质监测，主要监测指标有pH值、TP、TN、硝酸盐氮、氨氮、硫化物、硫酸盐、铁、锰等。分层水质监测，采用卡盖式分层采水。水样冷藏于保温箱中带回实验室，各项指标均采用相关标准测定，各项水质监测指标检测方法见表5-1。

本书收集了建库以来（1983年）潘家口水库蓄水以来乌龙矶、清河口（2#）、瀑河口（4#）、燕子峪（8#）、潘家口（10#）、坝前（16#）等常规监测点氮、磷的逐月监测数据（图 5-2），以及 2017 年水库常规监测点垂线水质监测数据，常规监测每月 5 日前采样。由于早期缺乏监测，坝前 TN、氨氮、硝酸盐以及乌龙矶 TN 仅有 2003 年以来的连续监测数据，库区 TP 仅有 2000 年以来的连续监测数据。近二十年数据主要来自引滦工程管理局，历史数据主要来自相关文献。常规监测资料的时间序列见表 5-2。

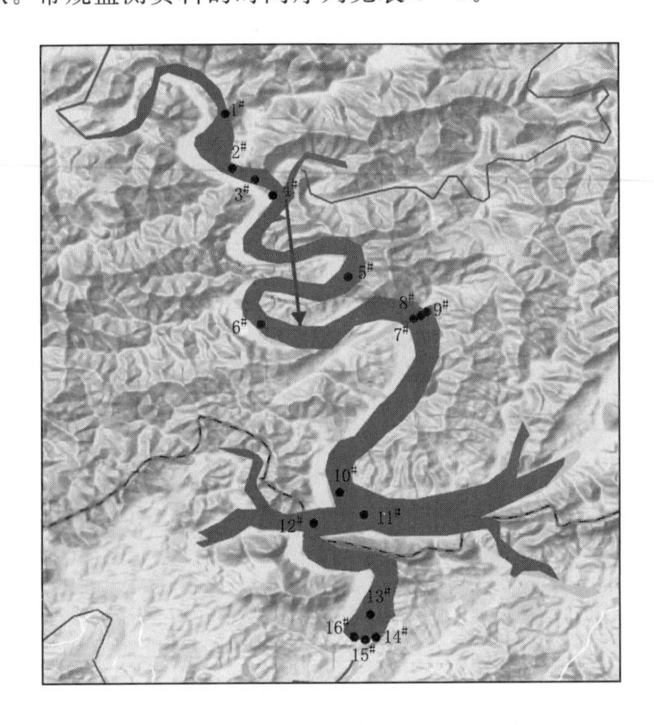

图 5-1　潘家口水库监测点分布示意图

表 5-1　各项水质监测指标检测方法

序　号	项　目	方　法
1	pH 值	玻璃电极法（GB 6920）
2	TP	钼酸铵分光光度法（GB 11893）
3	TN	碱性过硫酸钾消解紫外分光光度法（HJ 636）
4	硝酸盐氮	离子色谱法（HJ 84）
5	氨氮	纳氏试剂分光光度法（HJ 535）
6	硫化物	亚甲基蓝分光光度法（GB/T 16489）
7	硫酸盐	离子色谱法（HJ 84）
8	铁	火焰原子吸收分光光度法（GB 11911）
9	锰	火焰原子吸收分光光度法（GB 11911）

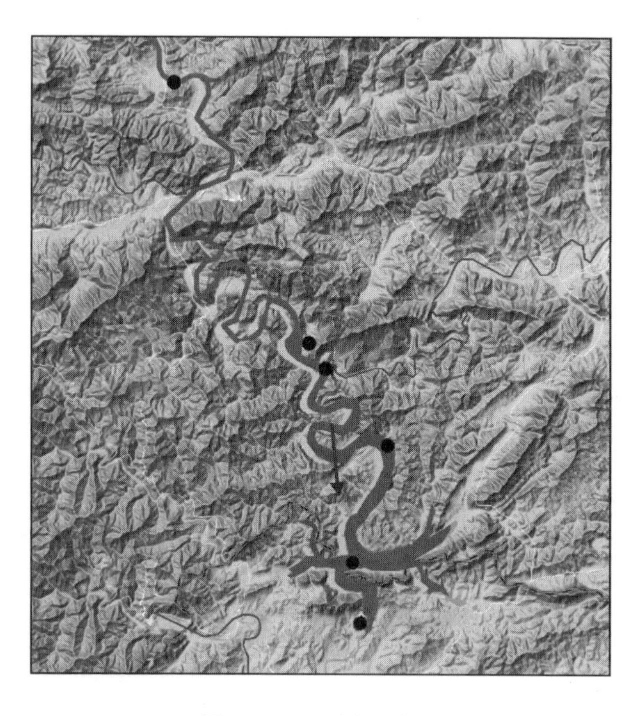

图 5-2 监测点示意图

表 5-2 常规监测资料的时间序列一览表

监测指标	入 库	库区坝前
TP	1988—2018年	1991—2018年（缺1992年、1996年、1997年、1999年）
TN	2003—2018年	2003—2018年
氨氮	1986—2018年	1994年、1995年、2003—2018年
硝酸盐	1988—2018年（缺1989年）	1986—2018年（缺1988年、1995—2002年）

5.1.2 监测结果及分析

5.1.2.1 水温的时空分布

热分层使得垂向各层水体的水动力特征差异明显，影响物质空间分布，并对水体溶解氧的垂向分布产生显著影响。据此，本书对潘家口水库的水温开展系统监测，以阐明水库的热分层状况。

从潘家口水库2017年5月—2018年11月的水温监测数据来看，潘家口水库水温的垂向分布存在明显的季节性特征，表现为以年为尺度的热分层-混合模式循环。从2017年4月下旬至2017年11月末水库呈现热分层状态，水温上高下低，呈单温跃结构，水体在垂向可分为表水层、温跃层和滞温层，热分层持续时间约为210天；从2017年12月至次年4月水库处于垂向均匀混合状态。

潘家口水库2017年8月纵向水温监测结果如图5-3所示，由图可知，潘家口水库最大坝前水深为60m，从库尾至坝前56km的库区河道内水温的垂向分布特征具有共性，水库各断面均处于稳定的热分层状态。表水层水温均匀为28.9℃，从水深5m处开始水温随水深增加而急剧下降，水深超过20m后水温缓慢下降，库底水温在4.4℃左右。

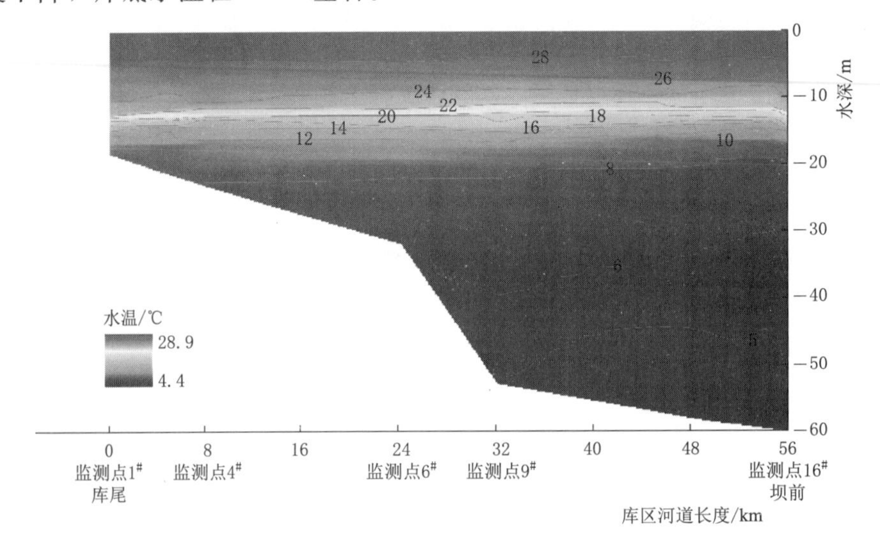

图5-3 潘家口水库2017年8月纵向水温监测结果图

以位于潘家口水库坝前的监测点16#为例分析2017—2018年水温随时间的变化（图5-4）。潘家口水库表层水温年际变化与气温基本一致，但有一个月左右的滞后期，全年水温变化范围为2.4～30.2℃；库底水温变化范围为2.4～7.7℃。混合期水温垂向均匀分布，4月初水库垂向水温均为4℃，随着气温的升高表层水温逐渐升高，垂向热分层结构逐渐形成。8月表层水温达到最大值30.2℃，滞温层水温升高至4.7℃，此时表、底温差最大。之后随着气温的下降表水层水温逐渐降低，表水层厚度增加，至11月底表水层水温降为10.3℃，在此过程中滞温层的水温缓慢升高至7.7℃，水库表、底温差变小，热分层稳定性减弱，在强风等外力扰动下发生垂向混合。至12月底垂向水温均匀混合，混合后水温为5.5℃。之后水库水温继续降低，至次年1月底水温达到最低值2.4℃，冬季水库不封冰。1月之后随着气温的升高，水库水温同步升高，至4

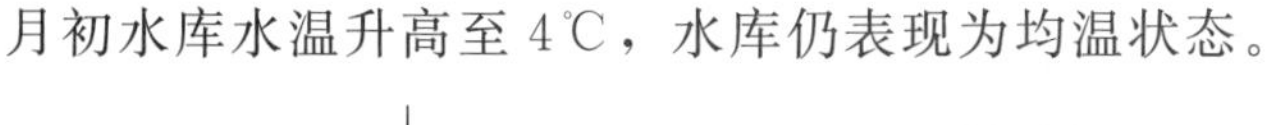
月初水库水温升高至4℃，水库仍表现为均温状态。

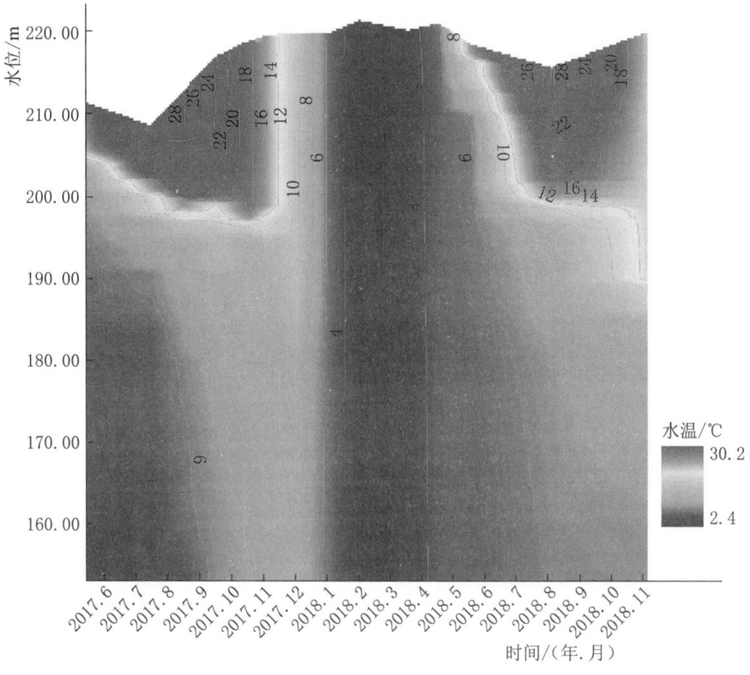

图5-4　潘家口水库坝前（监测点16#）垂向水温年内变化图

5.1.2.2　叶绿素a的时空分布

浮游植物是深水水库重要的初级生产者，是水生生态系统物质循环的基础。叶绿素a作为藻类等浮游植物现存量的良好指标，其变化可以反映水体浮游植物的总体特征，可以作为描述水库浮游植物生物量和动态变化的代表性指标。叶绿素a浓度的变化包含有机物的合成、分解等一系列生化过程，这些过程直接驱动水体氧、碳、氮等物质循环。为了阐明水库中有机物的分布状况，本书选取叶绿素a为代表指标，对潘家口水库的叶绿素a开展系统监测。

潘家口水库监测点16#典型时段（2月、5月、8月、11月等）叶绿素a垂向剖面如图5-5所示，由图可知，潘家口水库叶绿素a浓度呈现显著的季节性分层特征。每年2月潘家口水库处于混合期，水体垂向混合，叶绿素a浓度较低、垂向分布均匀，浓度均小于2.5μg/L。5月水温稳定分层期，叶绿素a在垂向各层的浓度差异较大，表层水体叶绿素a浓度最高，达到16.51μg/L；温跃层叶绿素a浓度急剧降低，至水深10m处叶绿素a浓度降至3.14μg/L；滞温层叶绿素 a 浓度较低，垂向浓度分布均匀，在 2μg/L 以内。8 月水库处于稳定热分层，叶绿素 a 的垂向变化与 5 月类似，表层水体叶绿素 a 浓度最高，达到 15.57μg/L；温跃层叶绿素 a 浓度急剧降低，至水深 7.1m 处叶绿素 a 浓度分别下降至 2.53μg/L。11 月水库处于热分层末期，叶绿素 a 浓度的垂向变化与水温分布类似，表水层叶绿素 a 浓度均匀，但浓度降低，平均浓度为 2.15μg/L；温跃层叶绿素 a 浓度略有降低，滞温层叶绿素 a 混合均匀，平均浓度降至 0.62μg/L。

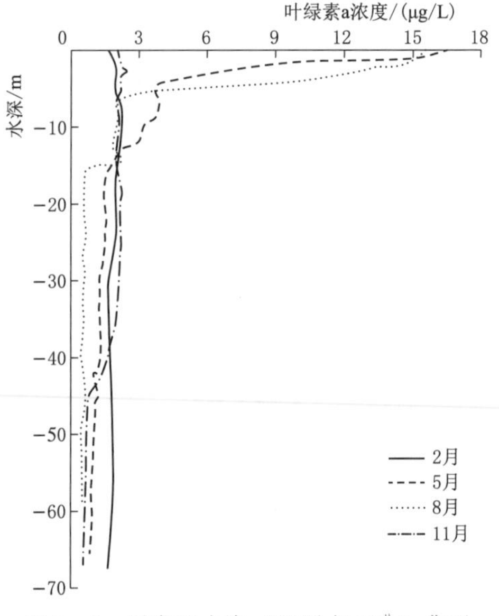

图 5-5 潘家口水库（监测点 16#）典型时段叶绿素 a 垂向剖面图

5.1.2.3 氮磷的时空分布

水体中溶解氧的循环直接驱动氮、铁、锰、硫的循环，间接驱动磷的循环。潘家口水库热分层期间溶解氧垂向变化大，氮、磷、铁、锰、硫等物质的变化与溶解氧循环密切相关，据此本书详细分析潘家口水库氮、磷、铁、锰、硫等物质时空分布。本书收集的水库水质监测数据及开展的水质监测中铁和硫化物的浓度均低于检出限，锰也仅在部分时段的垂向水质检测中有检出，因此本书重点分析氮、磷浓度的时空变化。

1. 氮、磷的年内变化

以 2018 年为例，分析库区（坝前监测点）和入库（乌龙矶监测点）氮、磷的内年变化特征（图 5-6）。库区 TP、TN 浓度分别在 0.02～0.21mg/L、2.32～6.01mg/L 变化，夏季最小，冬季最大，其中 TP 年内变化较大。库区氨氮和硝酸盐占 TN 的 90%，以硝酸盐为主，氨氮浓度基本低于 0.5mg/L。

2. 氮、磷的年际变化

长期以来水库仅监测库表水质，本书考虑水库热分层对水质的影响，选取每年 1 月初水库混合期坝前监测数据代表前一年库区水质。同时，选取入库监测点每年各月监测数据的平均值作为当年的入库水质。建库以来潘家口水库库区和入库监测点氮、磷浓度的年际变化如图 5-7 所示。

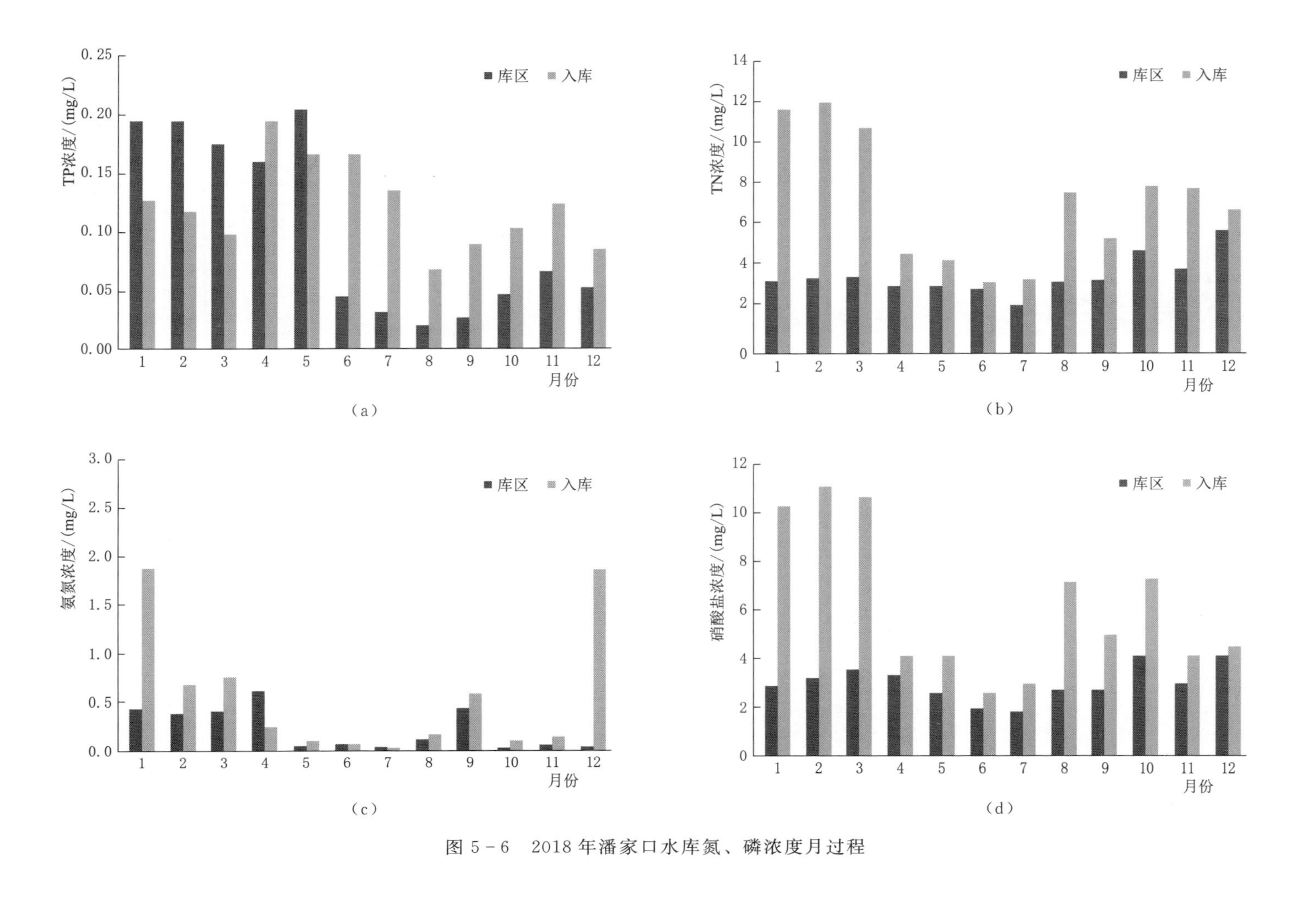

图5-6 2018年潘家口水库氮、磷浓度月过程

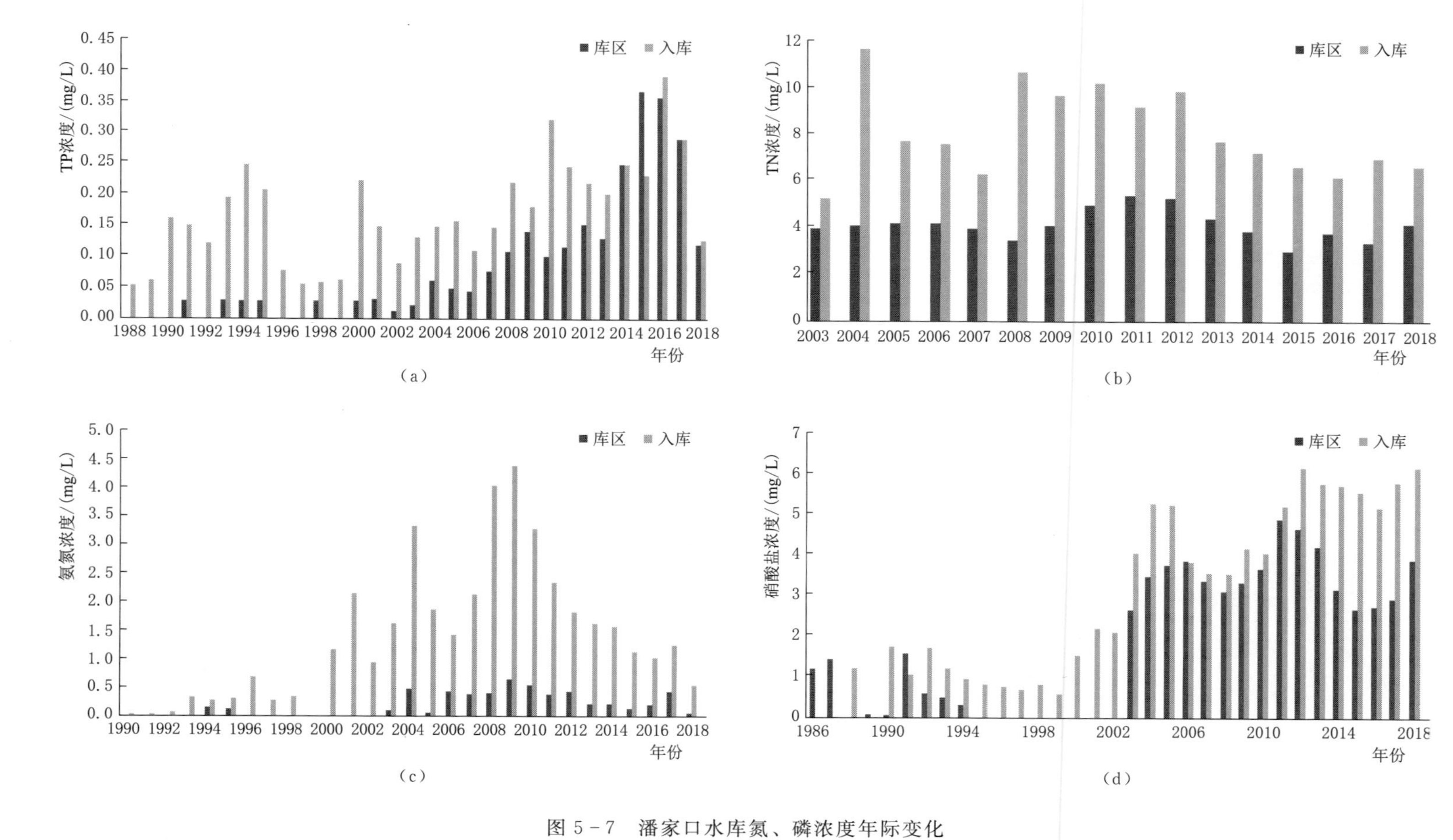

图 5-7　潘家口水库氮、磷浓度年际变化

2007年以前库区TP浓度在0.05mg/L以内，2007年开始库区浓度急剧增加，2015—2016年库区TP浓度达到建库以来最大值0.37mg/L；之后库区TP浓度逐渐下降，2018年浓度降至0.12mg/L。长期以来库区TP浓度基本低于入库浓度，且二者变化基本一致，库区TP主要受来水TP浓度的影响。

库区氮主要以无机氮为主，硝酸盐、氨氮所占比例分别为62%、26%，硝酸盐为主要存在形态。2003年以来库区TN浓度在3.1～5.5mg/L波动，库区TN浓度远低于入库浓度，年际变化小。其中库区氨氮浓度远小于上游来水浓度，基本维持在地表Ⅱ类水质要求的0.5mg/L以内，年际变化小；库区硝酸盐浓度近16年来显著升高，年际变化与入库浓度变化基本一致，主要受上游来水影响。

3. 氮、磷的垂向变化

混合期水库水体垂向混合均匀，氮、磷浓度上下基本一致，本书重点对热分层期间氮、磷的垂向变化进行分析。

热分层期间，水质逐渐出现垂向差异，为了分析潘家口水库氮、磷垂向变化特征，本书在2018年5月、8月、11月和2019年8月、10月、11月对坝前（监测点16#）TP、TN、氨氮、硝酸盐等垂向水质进行监测（图5-8）。

由2018年的监测结果可知，5月热分层初期，表层TP、TN、氨氮、硝酸盐浓度均略低于中下层，浓度分别为0.08mg/L、3.25mg/L、0.06mg/L、2.59mg/L，中下层平均浓度分别为0.16mg/L、4.04mg/L、0.12mg/L、3.78mg/L，

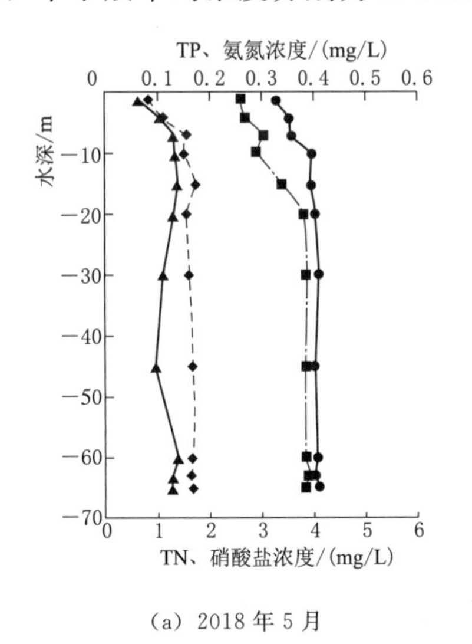

(a) 2018年5月

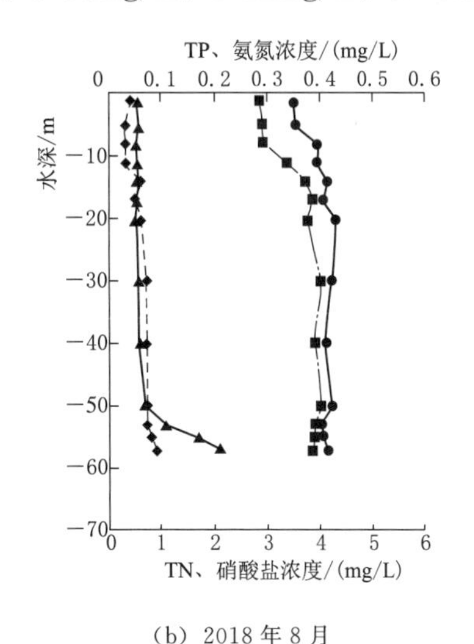

(b) 2018年8月

图5-8（一）　潘家口水库（监测点16#）热分层期间氮、磷的垂向分布图

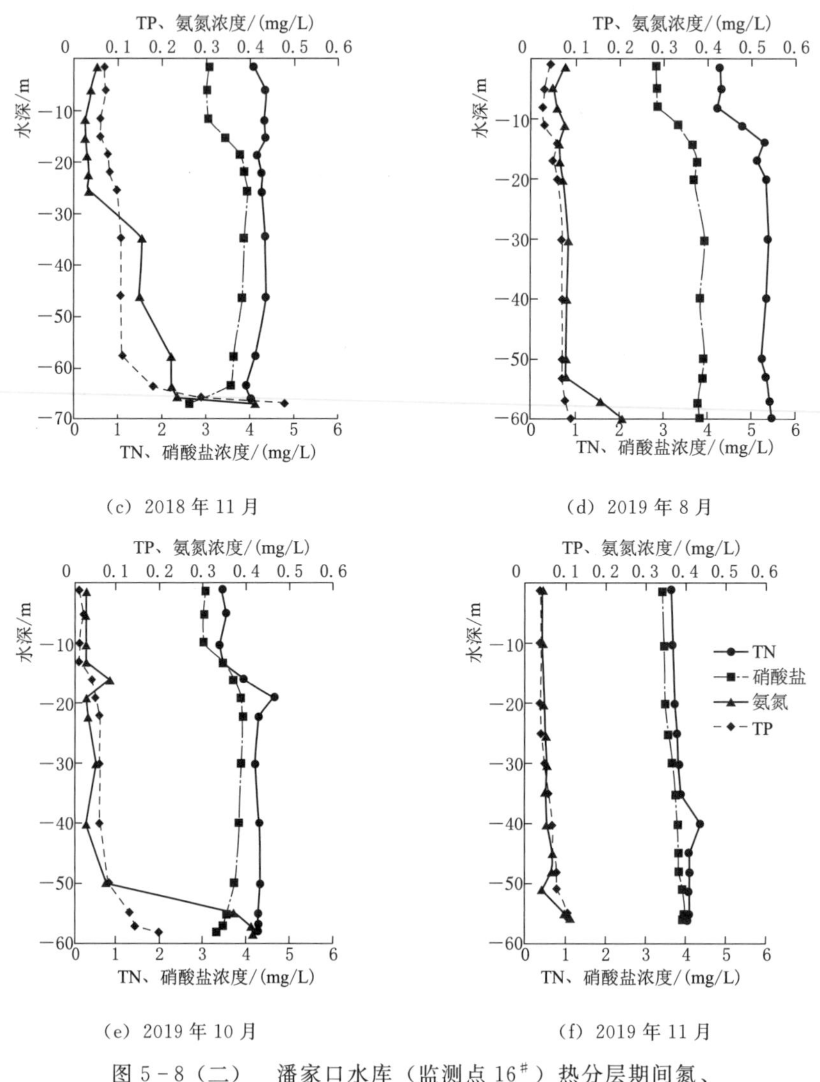

(c) 2018 年 11 月　　(d) 2019 年 8 月

(e) 2019 年 10 月　　(f) 2019 年 11 月

图 5-8（二）　潘家口水库（监测点 16#）热分层期间氮、磷的垂向分布图

且分层期间浓度基本保持稳定。8 月热分层稳定期 TN、硝酸盐浓度的垂向分布与 5 月类似，TP、TN、硝酸盐浓度变化不大，底部 5m 内 TP 和氨氮浓度略有升高、硝酸盐浓度略有降低。11 月热分层末期 TP、TN、氨氮、硝酸盐浓度的垂向分布与 8 月类似，但底部水体 TP、氨氮浓度进一步升高、硝酸盐浓度大幅度降低，库底 TP、氨氮、硝酸盐浓度分别为 0.48mg/L、0.21mg/L、2.58mg/L。

2019 年的监测结果与 2018 年同期类似，其中 10 月、11 月底层 TP 浓度分别增加至 0.20mg/L、0.11mg/L；8 月、10 月、11 月底层氨氮浓度分别为

0.21mg/L、0.41mg/L、0.11mg/L，库底氨氮浓度10月最高、11月底下降；8月、10月、11月底的底层硝酸盐浓度分别为3.82mg/L、3.30mg/L、3.91mg/L，库底硝酸盐浓度10月最低，11月底回升。

由此可见，热分层期间潘家口水库底部存在氨氮的持续释放，热分层中后期存在磷的释放和硝酸盐的消耗。

磷在沉积物中主要以Fe-P、Mn-P等形式存在，热分层期间对铁、锰、TP的监测（图5-9）发现，潘家口水库坝前（监测点16#）仅在2018年11月底、

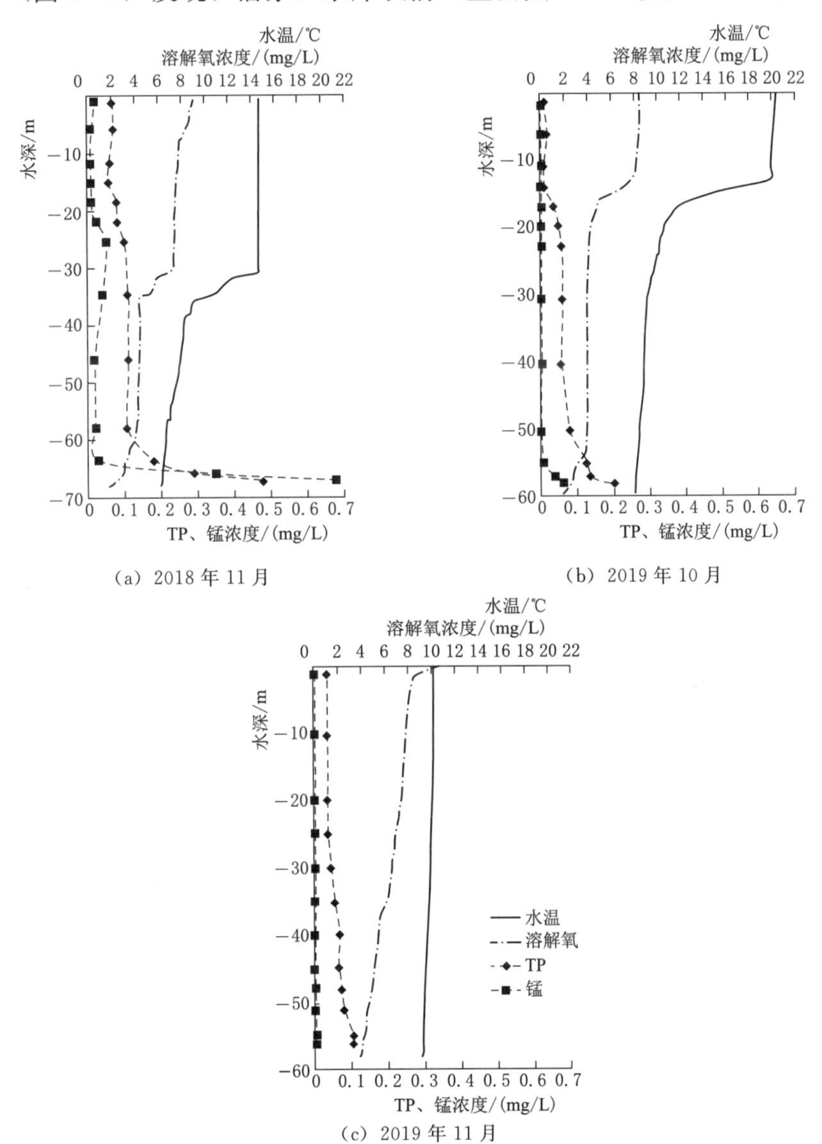

(a) 2018年11月

(b) 2019年10月

(c) 2019年11月

图5-9 潘家口水库热分层末期锰、磷的垂向分布图

2019年的10月和11月底等热分层后期监测到水库底部5m范围内随水深增加锰、TP浓度升高，铁浓度始终低于检出限。其中2018年11月底在水库底部5m范围内TP、锰浓度分别为0.48mg/L、0.68mg/L；2019年10月在水库底部5m范围内TP、锰浓度分别为0.20mg/L、0.06mg/L，至当年11月底水库底部5m范围内TP、锰的浓度较10月降低，其中TP浓度降至0.11mg/L，锰浓度低于检出限。

由此可见，目前在热分层后期潘家口水库沉积物存在Mn-P的还原释放，尚未出现Fe-P还原释放。

5.1.2.4 潘家口水库溶解氧的时空分布

2017年7月—2018年11月对潘家口水库的溶解氧进行逐月监测，潘家口水库溶解氧变化与水温分层相似，也具有显著的季节性分层特征。以坝前监测点16#为例（图5-10），1—5月水库溶解氧沿垂向均匀分布，4月中旬水温分层逐渐形成，此时溶解氧浓度在垂向基本不变，均在11mg/L以上；随着水温分层的发展，溶解氧在垂向上也逐渐出现分层，呈现出与水温分层类似的三层结构，从上至下分别定义为混合层、氧跃层和氧亏层；11月底随着水温分层的破坏，溶解氧垂向分层也逐渐消失，至12月底溶解氧垂向浓度分布均匀。混合层溶解氧全年均匀分布，浓度维持在9mg/L以上，基本处于过饱和状态，最大浓度可达15mg/L。氧跃层溶解氧浓度随水深的增加急剧降低，在热分层最稳定的7—8月溶解氧浓度低于2mg/L，部分时段甚至低于1mg/L，达到整个垂向上的最小值。氧亏层位于水库的下层，溶解氧浓度随着分层的发展持续下降，在溶解氧分层初期为10.5mg/L，2017年、2018年溶解氧分层末期浓度分别减小至1.3mg/L、1.97mg/L。

潘家口水库2017年8月纵向溶解氧浓度监测结果如图5-11所示，沿程各监测点溶解氧垂向分布特征较为一致，整个水库溶解氧均呈分层状态，混合层厚度沿程总体相同，在坝前和库尾略有增加，库中断面混合层厚度最小。氧跃层内溶解氧浓度随水深的增加从10mg/L急剧减小，最低均降至1mg/L以下，形成的溶解氧低浓度带从库尾延伸至坝前。氧亏层溶解氧浓度在库中至坝前段沿水深先升后降，坝前库底溶解氧浓度约为3.5mg/L；水深小于25m的库尾段（纵向0～20km）氧亏层内溶解氧浓度均在2mg/L以下，部分区域溶解氧浓度甚至低于1mg/L。

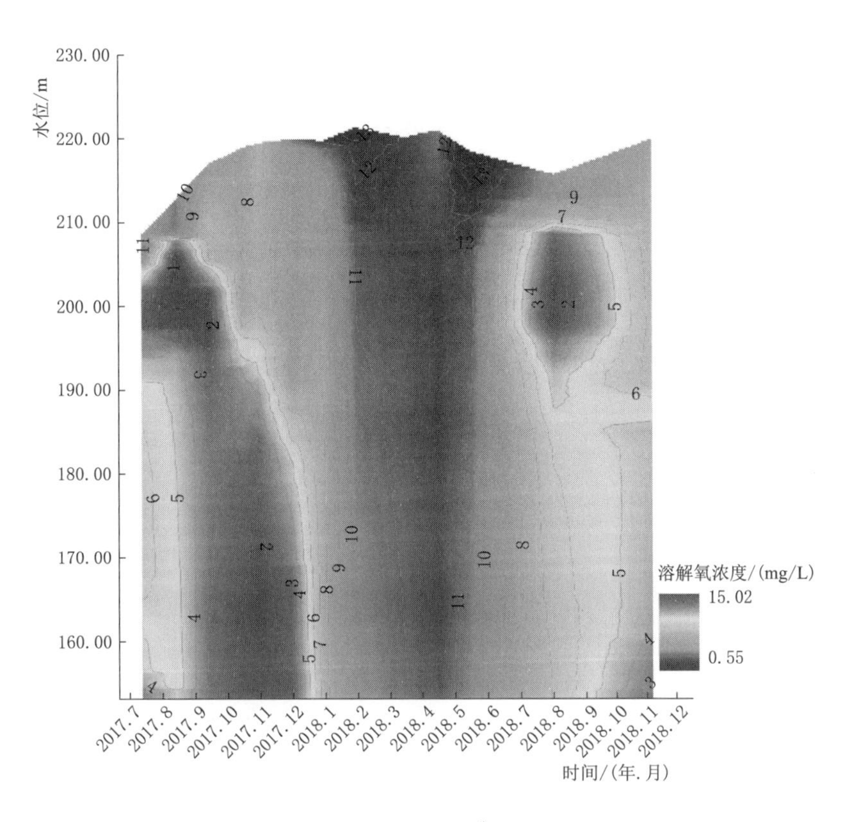

图 5-10 潘家口水库（监测点 16#）垂向溶解氧年际变化

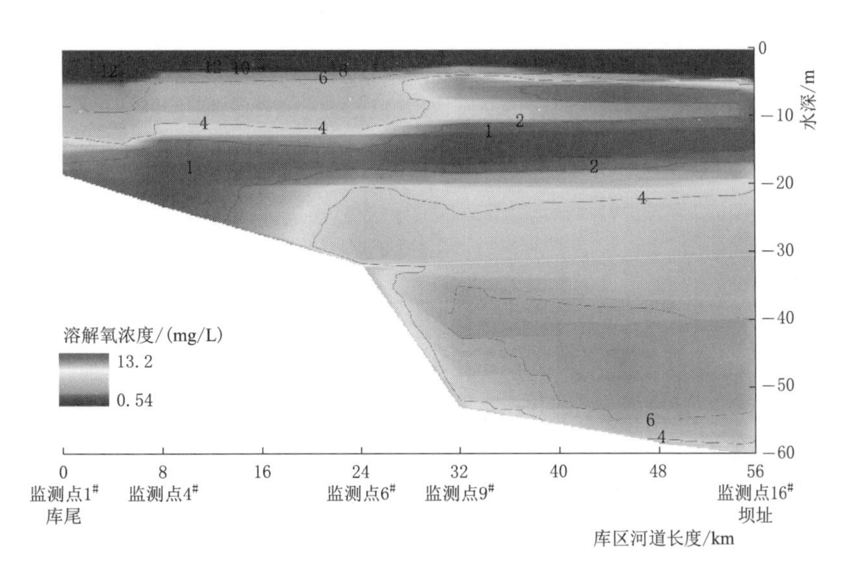

图 5-11 潘家口水库 2017 年 8 月纵向溶解氧浓度监测结果图

5.2 潘家口水库溶解氧层化结构特征分析

本书通过计算分层期间溶解氧各层厚度及界面垂向位置来定量分析水库溶解氧的垂向变化特征。采用 0.2mg/(L・m) 的浓度梯度作为氧跃层与上、下各层间界面的判别标准，计算坝前监测点溶解氧分层期间混合层、氧跃层和氧亏层的厚度（图 5-12）。

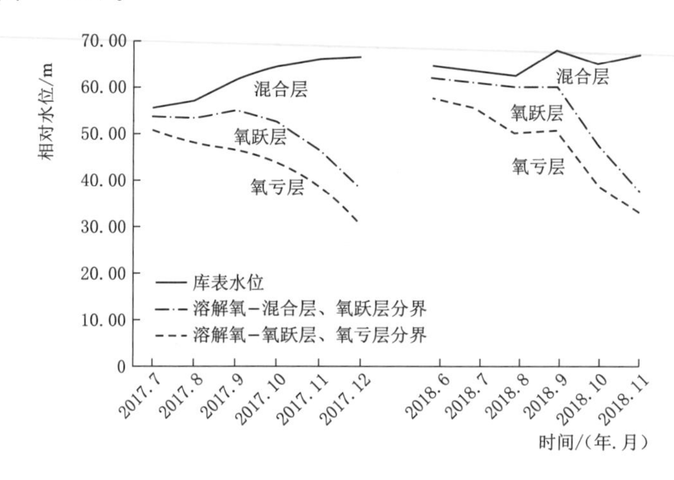

图 5-12 2017—2018 年分层期间水库溶解氧层化结构变化图

1—5 月水库溶解氧沿垂向均匀分布，5 月中旬水库溶解氧开始出现由混合层、氧跃层、氧亏层构成的层化结构，并持续至 12 月下旬。溶解氧分层期间各层厚度随时间变化的特征各不相同，混合层厚度随时间持续增加，至 11 月下旬厚度增至 19.8m，至 12 月下旬层化结构消亡前厚度增至 28.4m；氧跃层厚度先增后减，8 月厚度最大达到 9.75m；氧亏层厚度呈逐步减小趋势，在溶解氧层化初期超过 55m，至层化结构消亡前厚度约为 30m。

进一步的，本书计算了 2017 年、2018 年潘家口水库溶解氧分层期间各层溶解氧特征指标，见表 5-3。混合层统计表层溶解氧浓度，该层溶解氧浓度高，基本处于过饱和状态。

氧跃层计算溶解氧浓度梯度平均值和该层溶解氧浓度最低值，分析发现分层期间二者变化趋势相反，随着分层的持续前者先增后减，后者先减后增。7、8 月氧跃层溶解氧浓度梯度大，平均值甚至大于 2mg/(L・m)，溶解氧浓度最低值较小，甚至低于2mg/L。2017、2018年氧跃层溶解氧垂线分布存在一定差异，如2017年7、8月氧跃层溶解氧浓度梯度平均值分别为2.8mg/(L·m)、1.7mg/(L·m)，溶解氧浓度最低值分别为2.2mg/L、1.0mg/L，而2018年同期氧跃层溶解氧浓度梯度平均值均在1.0mg/L以内，溶解氧浓度最低值分别升高至5.4mg/L、1.6mg/L，浓度显著升高。

表5-3　2017年、2018年潘家口水库溶解氧分层期间各层溶解氧特征指标分析

时间		混合层表层溶解氧浓度/(mg/L)	氧跃层溶解氧浓度最低值/(mg/L)	氧跃层溶解氧浓度梯度平均值/[mg/(L·m)]	氧亏层底部溶解氧浓度/(mg/L)
2017年	7月	9.8	2.2	2.8	3.7
	8月	10.5	1.0	1.7	3.4
	9月	9.4	1.6	0.7	2.7
	10月	9.3	4.4	0.4	1.7
	11月	9.1	4.9	0.4	1.3
	12月	11.0	5.5	0.4	2.7
2018年	6月	14.0	10.7	0.4	9.7
	7月	11.5	5.4	1.0	8.0
	8月	10.1	1.6	0.9	6.8
	9月	9.7	3.2	0.7	5.5
	10月	9.4	5.0	0.2	3.9
	11月	9.2	4.7	0.6	2.0

氧亏层统计底部溶解氧浓度，分析发现分层期间氧亏层底部溶解氧浓度逐渐降低，2017年、2018年11月均达到最小值，底部溶解氧浓度分别减小至1.3mg/L、1.97mg/L。

较低的溶解氧浓度会对水生生态健康产生威胁，研究表明底层鱼类对溶解氧浓度的承受能力下限为3～4mg/L，当溶解氧浓度小于2mg/L时底栖动物会出现行为异常，溶解氧浓度小于0.5mg/L时底栖动物会放弃洞穴、暴露在沉积物-水界面，出现大量死亡。本书采用EPA确定的2mg/L的缺氧标准，可以判定潘家口水库在2017年10月库底开始出现缺氧，缺氧持续至2017年12月为止；2018年11月库底溶解氧浓度略低于2mg/L，水库仅短暂的缺氧。

水库底部耗氧率是分析水库底部缺氧程度的重要指标，对此本书计算了潘家口水库分层期间底部耗氧率，并调研了我国热分层期间底部缺氧水库的相关文献，对比水库底部耗氧率的大小（表5-4）。计算表明，潘家口水库分层期间底部耗氧率约为0.045mg/(L·d)，与其他类似水库相比耗氧率偏低，特别是与同流域、污染状况类似的大黑汀水库［耗氧率0.33mg/(L·d)］相比，潘家口水库底部耗氧率仅为大黑汀水库的15%。与金盆水库、碧流河水库相比，潘家口水库上游来水氮磷浓度高、水库底部污染严重，但三者的底部耗氧率大小相当。

表5-4　我国底部季节性缺氧水库分层期间底部耗氧率对比

水库名称	最大库容/亿 m^3	最大水深/m	热分层持续时间	耗氧率/[mg/(L·d)]	库底缺氧状况	污染源状况
金盆水库	2	106	3—9月，约180天	0.05	7月中旬溶解氧浓度降至2mg/L以下，9月溶解氧浓度降至0.2mg/L	上游来水水质为Ⅰ～Ⅱ类，外源污染负荷低
碧流河水库	9.34	32	6—9月，约120天	0.067	8月中旬溶解氧浓度降至2mg/L	上游来水水质较好，除TN外其他指标均优于Ⅲ类标准
百花湖水库	1.82	42	4月至11月中旬，约220天	0.056	6月开始出现缺氧	2000年左右周边污水及网箱养殖导致水库污染严重
潘家口水库	19.13	71	4月中旬至11月底，约210天	0.045	10月、11月出现缺氧，没有无氧的状况发生	上游来水氮、磷浓度达到劣Ⅴ类，水库长期网箱养殖使得沉积物重度污染
大黑汀水库	3.37	25	5—9月，约150天	0.33	6月底部出现无氧区	与潘家口水库基本相同

5.3 水动力对水库溶解氧的影响分析

水库水动力过程决定了水体热量和物质的传输和混合，对溶解氧的迁移转化起着主导作用。本节系统分析潘家口水库水动力特征，包括水库水位、入库流量、供水调度、抽水蓄能调度等。鉴于本书对2017—2018年水库溶解氧等指标进行了详细监测，因此重点分析这两年水动力过程对水库溶解氧的影响。

5.3.1 潘家口水库水动力特征

潘家口水库2010—2018年出入库水量过程如图5-13所示。水库近年入库水量年均值为9.24亿m^3，水库抽水蓄能年抽水量平均值为9.12亿m^3，水库的平均水力停留时间为2.1年。

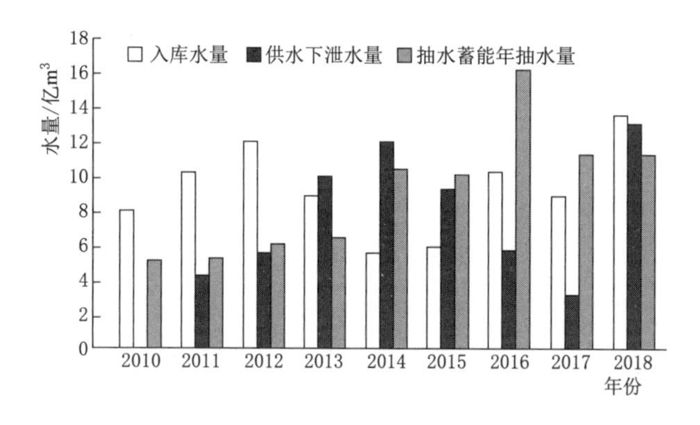

图5-13 潘家口水库2010—2018年出入库水量过程

潘家口水库2014—2018年库内水位和出库流量过程如图5-14所示，5年来水库水位在192.70～222.10m波动（现状库区最低高程为153.00m），其中2015年、2016年水库水位较低，年均水位分别为204.10m、203.00m，水库年均蓄水量分别为11.08亿m^3、10.66亿m^3。2017年水库供水下泄水量小，水库水位持续抬升，2018年全年水库保持高水位运行，水库最低水位216.00m，年均蓄水量达到20.37亿m^3。潘家口水库2014—2018年平均库内水位和出入库水量见表5-5。

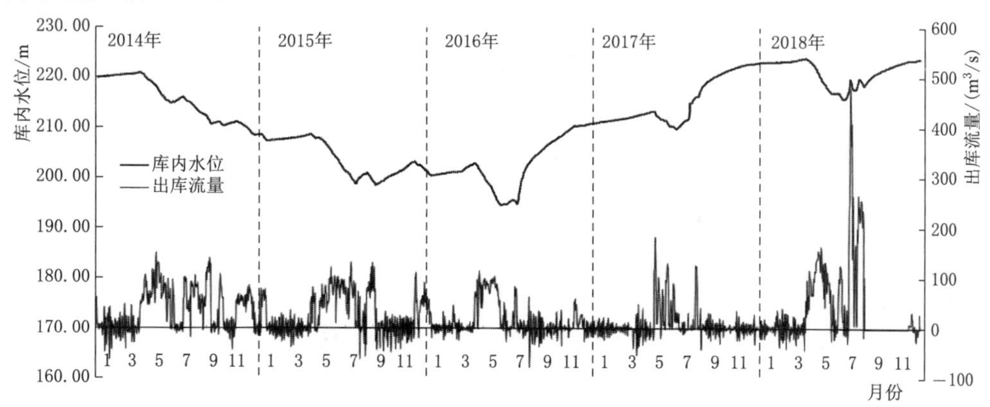

图5-14 潘家口水库2014—2018年库内水位和出库流量过程图

表 5-5 潘家口水库 2014—2018 年平均库内水位和出入库水量

年份	入库水量/亿 m^3	供水下泄水量/亿 m^3	抽水蓄能年抽水量/亿 m^3	平均库内水位/m
2014	5.52	11.85	10.44	216.04
2015	5.90	9.28	10.12	204.40
2016	10.27	5.65	16.20	202.63
2017	8.86	3.13	11.27	214.89
2018	13.60	13.07	11.29	221.50

根据电站运行调度原则，电站运行分为供水调度、抽水蓄能调度。潘家口水库 2017 年、2018 年供水调度下泄流量、下泄月水量过程分别如图 5-15 和图 5-16 所示，潘家口水库供水调度为短时间、大流量下泄，主要集中在 5—8 月，占全年下泄水量的 73%。2017 年供水调度运行 46 天，下泄水量共 3.13 亿 m^3；2018 年供水调度运行 107 天，下泄水量共 13.07 亿 m^3，2018 年供水下泄水量远大于 2017 年。

潘家口水库除承担供水任务以外，还承担抽水蓄能的任务，2017 年、2018

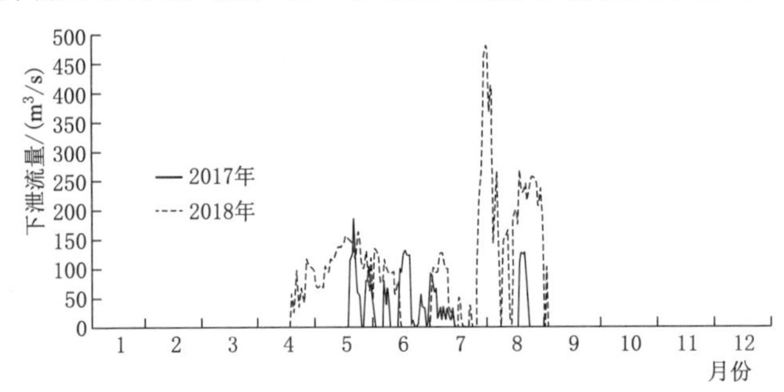

图 5-15 潘家口水库 2017 年、2018 年供水调度下泄流量过程

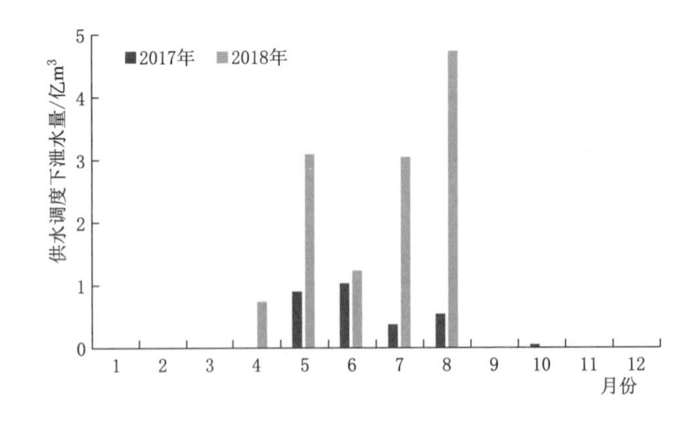

图 5-16 潘家口水库 2017 年、2018 年供水调度下泄月水量过程

年抽水蓄能流量过程分别如图 5-17 和图 5-18 所示，2017 年、2018 年各月抽水量对比如图 5-19 所示。这两年的抽、泄水过程类似，抽水蓄能运行约 270 天，每年抽水量分别为 11.27 亿 m^3、11.29 亿 m^3，这两年抽水总量和各月抽水量基本一致。抽水蓄能调度主要集中在水库的混合期（1—4 月及 12 月），2017 年、2018 年抽水量分别为 7.31 亿 m^3、7.29 亿 m^3。2017 年、2018 年热分层期间的 5—8 月抽水量分别为 1.24 亿 m^3、1.31 亿 m^3；热分层期间的 9—11 月抽水量分别为 2.71 亿 m^3、2.69 亿 m^3，热分层期间抽水蓄能调度主要集中在 9—11 月。

潘家口水库近年来年际水位波动较大，年内调度过程也存在显著的季节性

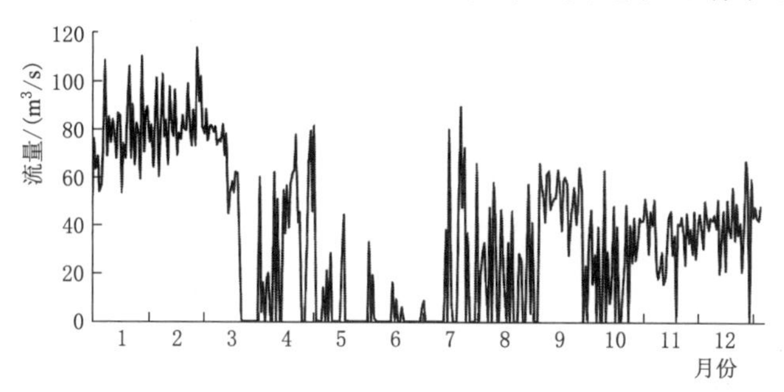

图 5-17　2017 年潘家口水库抽水蓄能流量过程图

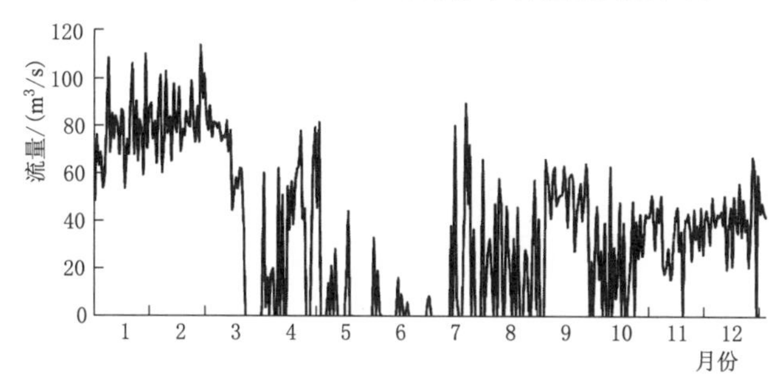

图 5-18　2018 年潘家口水库抽水蓄能流量过程图

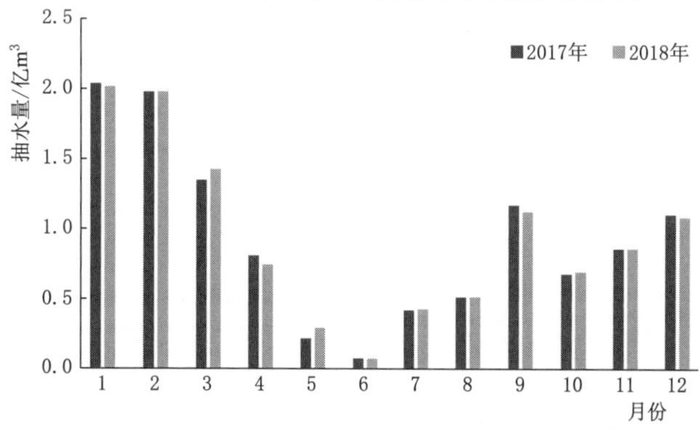

图 5-19　2017 年、2018 年潘家口水库各月抽水量对比图

差异。热分层期间水库的大流量供水调度主要集中在 5—8 月，高频率的抽水蓄能调度主要集中在 9—11 月，水库供水调度年际差别较大。水库的大流量供水下泄和高频率的抽水蓄能的抽、蓄作用对坝前水体产生扰动，对此本书进一步分析水库调度对水温、溶解氧垂向分布的影响。

5.3.2 水动力对水库热分层的影响

根据潘家口水库的调度特点，本书选取 8 月、11 月两个典型月，对比分析 2017—2019 年坝前监测点 16# 和库中监测点 10# 水温的垂向分布（图 5-20 和图 5-21）。

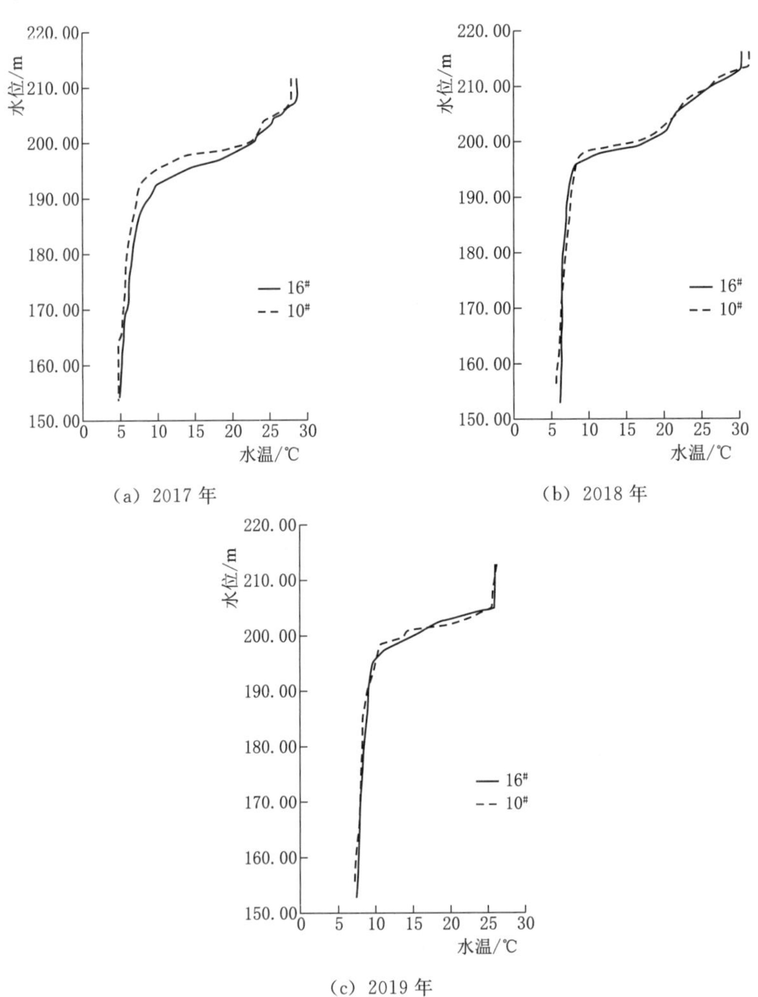

(a) 2017 年　(b) 2018 年　(c) 2019 年

图 5-20　2017—2019 年 8 月水库坝前监测点 16# 和库中监测点 10# 水温垂向分布图

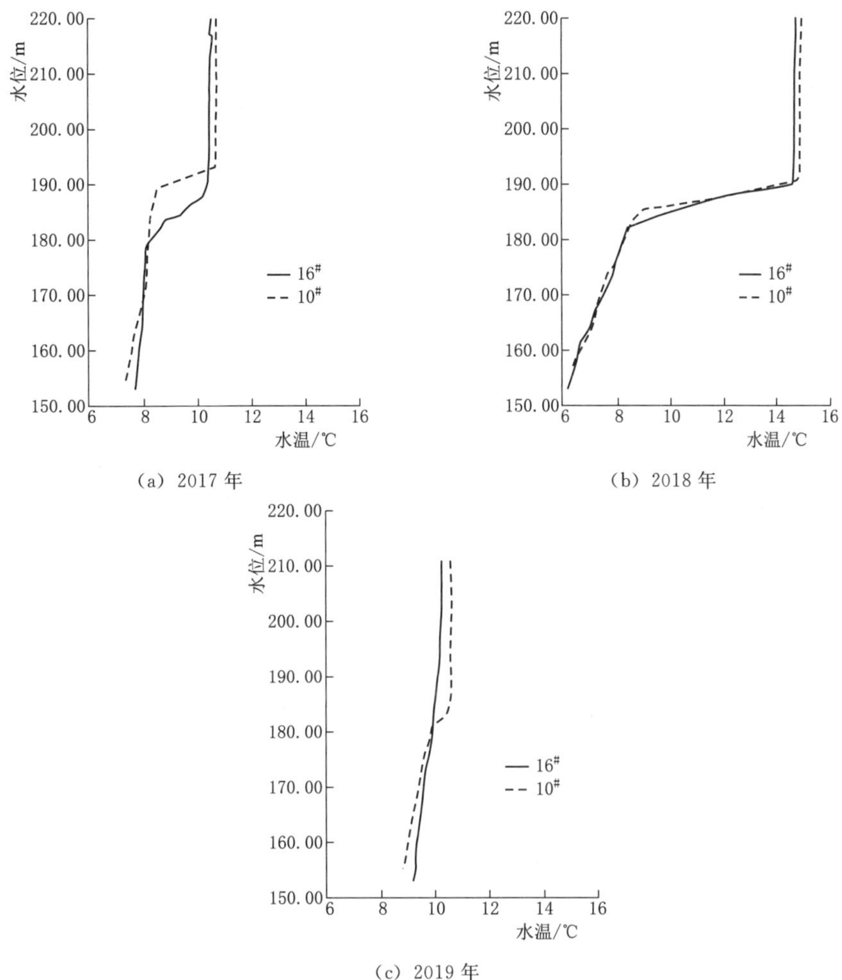

(a) 2017 年

(b) 2018 年

(c) 2019 年

图 5-21 2017—2019 年 11 月水库坝前监测点 16#

和库中监测点 10# 水温垂向分布图

对比坝前和库中监测点同期水温的垂向分布发现，两点水温的垂向分布特征相似，但坝前监测点的温跃层水位均略低于库中监测点。2019 年 11 月库中仍然处于热分层状态，而坝前温跃层消失、热分层持续时间短。潘家口水库的坝前调度使得坝前温跃层下移，热分层末期甚至破坏水体分层，缩短了坝前水体热分层的持续时间。

5.3.3 水动力对水库溶解氧的影响

2017—2019 年 8 月、11 月坝前监测点 16# 和库中监测点 10# 溶解氧垂向分布分别如图5-22、图5-23所示。对比两监测点2017—2019年8月溶解氧垂向分布发现，坝前监测点16#库底浓度分别为3.4mg/L、6.8mg/L、6.0mg/L，而库中监测点10#库底浓度分别为2.8mg/L、5.2mg/L、4.5mg/L，各年坝前库底溶解氧浓度均高于库中，且两监测点2018年、2019年库底溶解氧浓度均高于2017年（表5-6）。

2017—2019年11月两监测点库底溶解氧浓度对比结果与8月类似，11月坝前监测点16#库底溶解氧浓度分别为1.3mg/L、2.0mg/L、4.0mg/L，而库中监测点10#库底溶解氧浓度分别为1.0mg/L、1.5mg/L、2.2mg/L，各年坝

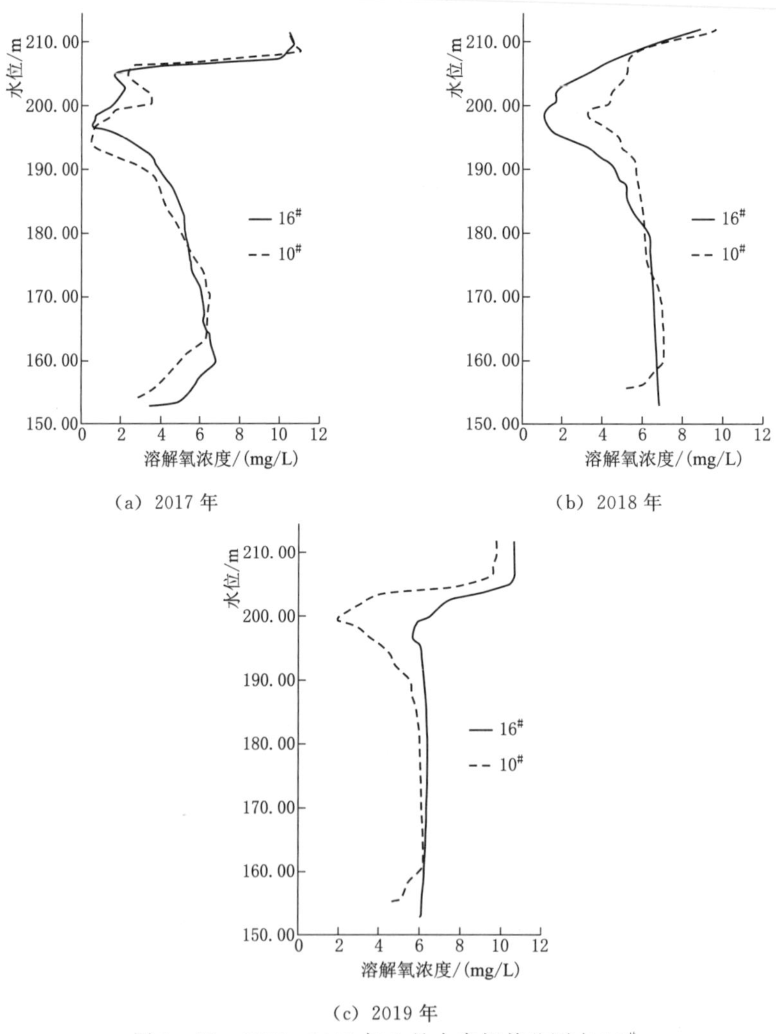

图5-22 2017—2019年8月水库坝前监测点16#和库中监测点10#溶解氧垂向分布图

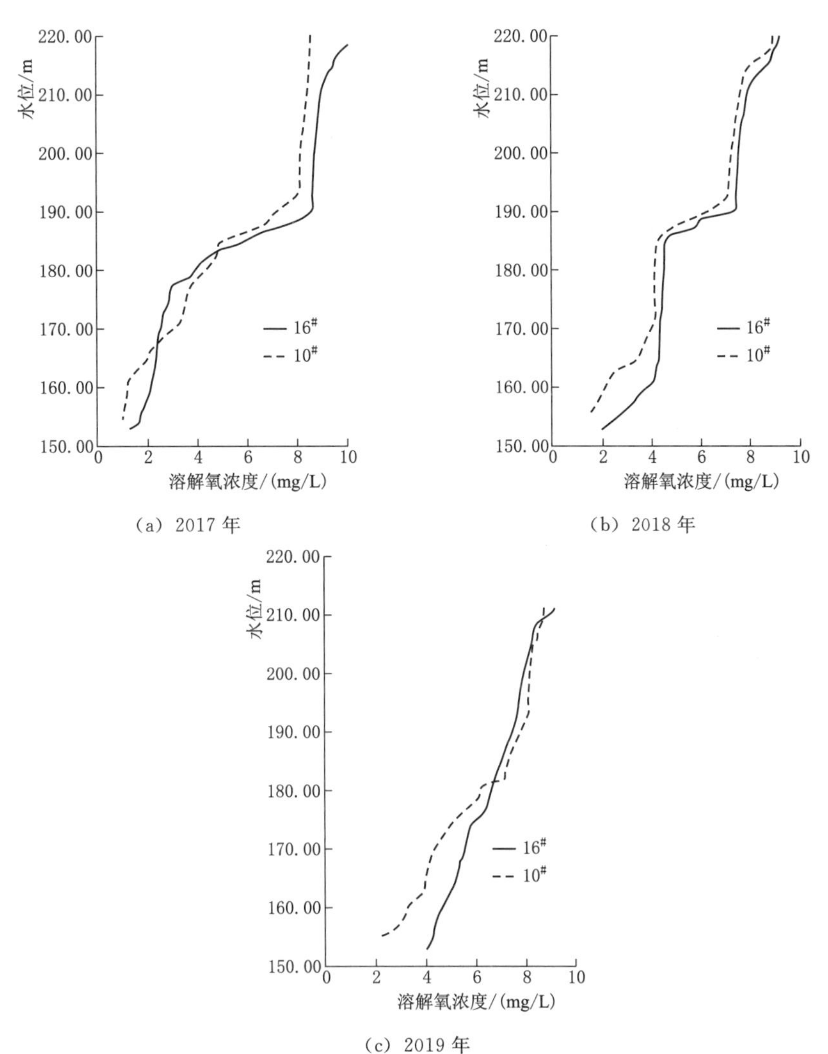

图 5-23　2017—2019年11月水库坝前监测点16#和库中监测点10#溶解氧垂向分布图

表 5-6　　2017—2019年典型月份坝前和库中监测点库底溶解氧浓度

年份	8月		11月	
	坝前监测点16#库底溶解氧浓度/(mg/L)	库中监测点10#库底溶解氧浓度/(mg/L)	坝前监测点16#库底溶解氧浓度/(mg/L)	库中监测点10#库底溶解氧浓度/(mg/L)
2017	3.4	2.8	1.3	1.0
2018	6.8	5.2	2.0	1.5
2019	6.0	4.5	4.0	2.2

前库底溶解氧浓度也均高于库中。其中2019年11月库中监测点10#的溶解氧仍处于垂向分层状态，但坝前监测点16#的溶解氧分层现象消失。

潘家口水库供水下泄出水口、抽水蓄能进出水口底板高程分别位于库底以上13m、17m处，均在水库死水位以下的深水区域，水库大流量供水下泄和频繁抽水蓄能作用对坝前氧亏层水体产生扰动较大，增加了坝前水体垂向掺混和滞温层溶解氧的补给，使得各年坝前底部溶解氧浓度均比库中高18%以上。

本书对受调度影响较大的坝前监测点2017—2019年典型月份溶解氧的垂向分布进一步分析发现（图5-24、表5-7），2017—2019年8月坝前断面氧亏层溶解氧平均浓度分别为5.2mg/L、5.6mg/L、6.3mg/L，2018年、2019年水库氧亏层溶解氧平均浓度均高于2017年；至11月，2019年水库坝前溶解氧分层已消失，2018年氧亏层溶解氧平均浓度仍高于2017年。

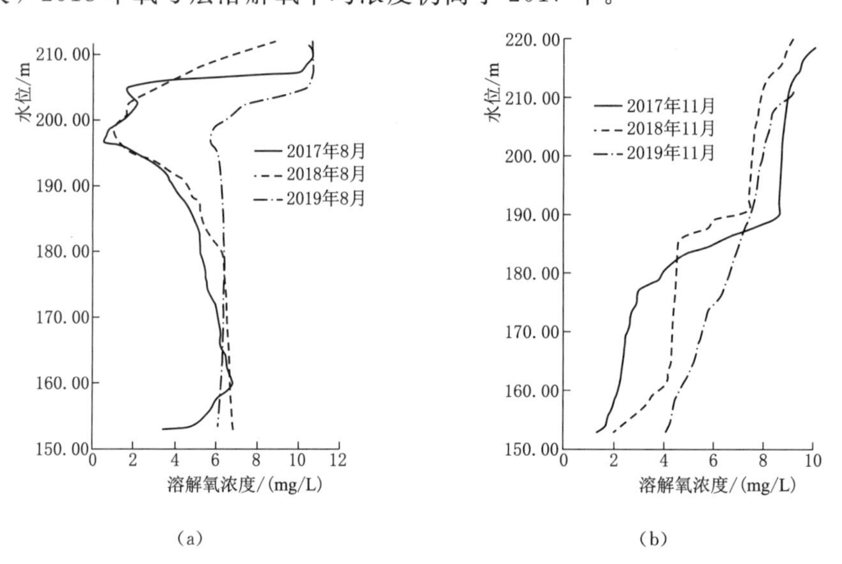

图5-24 2017—2019年8月、11月潘家口水库溶解氧垂向分布图

表5-7 2017—2019年典型月份坝前氧亏层厚度和溶解氧平均浓度

年份	8月		11月	
	氧亏层厚度/m	氧亏层溶解氧平均浓度/(mg/L)	氧亏层厚度/m	氧亏层溶解氧平均浓度/(mg/L)
2017	41.4	5.2	24.4	2.3
2018	46.2	5.6	33.1	4.1
2019	44.0	6.3	—	—

2017—2019年潘家口水库均保持高水位运行，抽水蓄能过程相似，但2017年水库来水量和供水下泄水量小，其中全年供水下泄量仅3.13亿m^3，2018年、2019年水库大流量的来水和下泄过程增加了对水库的水量交换和中下层溶解氧的补给。

总体来看，潘家口水库库容较大，水体水力停留时间长，为热分层和溶解氧层化结构的稳定存在提供了必要条件；水库大流量供水下泄和高频率的抽水蓄能调度，增加了水体的垂向混合，缩短坝前水体分层的持续时间，使得坝前温跃层下移，溶解氧垂向补给增加，减小了底部缺氧的可能。

5.4 热分层对水库溶解氧的影响分析

5.4.1 潘家口水库热分层特征

水库水温受气温、上游来水等共同作用影响，其中库表水温变化最为敏感，因此，本书分析潘家口水库气温、来水水温、库表水温的变化。潘家口水库气温、来水水温、库表水温月过程如图5-25所示，可以发现气温与来水水温变化基本一致，库表水温变化略有滞后，且变幅较小。

潘家口水库月均气温为－4.1～27.2℃，7月气温最高，1月、2月、12月月均气温低于0℃。水库的月均来水水温为1.5～25.6℃，7月来水水温最高。水库库表月均水温为2.6～23.4℃，全年库表水温均在0℃以上，水库不封冰，8月达到最高值。3—8月库表水温缓慢增加，均低于气温，其中4月库表水温比气温低9.2℃；8月库表水温达到最大值，月均23.4℃，之后缓慢下降，10—12月及1—2月库表水温均高于气温，其中12月库表水温比气温高9.8℃。

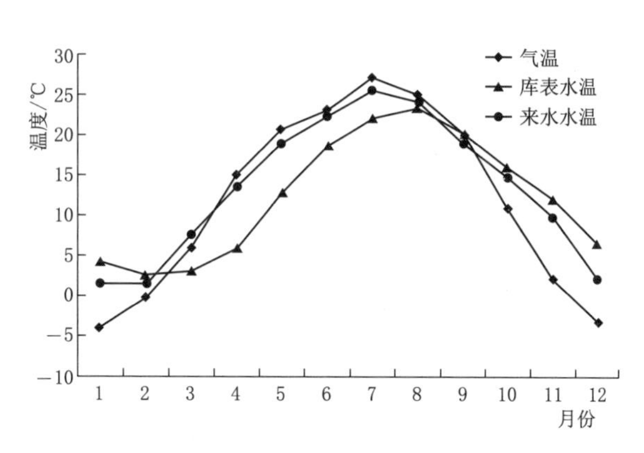

图5-25 潘家口水库气温、来水水温、库表水温月过程

为了分析水库的热分层特征，本书计算了热分层期间潘家口水库各层厚度

和热分层稳定性。采用 0.2℃/m 的温度梯度作为热分层期温跃层与上、下各层间界面的判别标准，计算坝前监测点表水层、温跃层和滞温层的厚度；采用表水层厚度（Z_e）与水库最大深度（Z_{max}）的比值为水库热分层稳定性系数（Z_e/Z_{max}），其数值越大则热分层稳定性越弱，比值小于 0.5 表征水库处于稳定分层状态。潘家口水库热分层期间水温、溶解氧分层结构和热分层稳定性系数如图 5-26 所示。

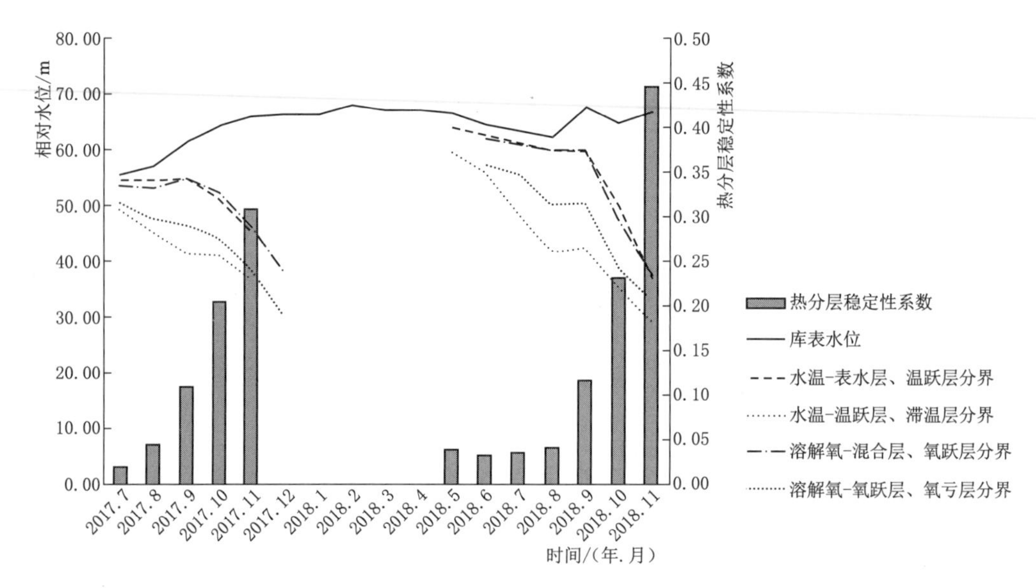

图 5-26 潘家口水库热分层期间水温、溶解氧分层结构和热分层稳定性系数图

热分层期间水库热分层稳定性随时间呈现由强变弱的特征，2017 年 5—8 月热分层稳定性系数不足 0.1，分层极为稳定；随着热分层的持续，该系数在 10 月初、11 月初分别增至 0.2、0.31，直至热分层末期（11 月底）的 0.5。热分层的稳定程度与水库水体交换的关系显著，潘家口水库为多年调节水库，水库的平均水力停留时间为 2.1 年，其中 2017 年、2018 年水库的水力停留时间分别为 5.4 年和 1.6 年，特别是 2017 年水库水力停留时间较长，出入库对水库内水体的扰动较小，水库热分层稳定性更强。

由图 5-26 可知，2018 年 4 月中旬至 11 月底是水库的热分层期，其间各层厚度随时间变化的特征各不相同，该时段内表水层厚度随时间持续增加，热分层末期达到 20.4m；温跃层厚度呈现先增后减的趋势，8 月达到最大值 17.9m；

滞温层的厚度变化与表水层相反，随着热分层的持续逐渐减小，2017 年从热分层初期的 49.3m，减至热分层末期的 36.7m。

水库热分层期间垂向各层水体内水动力条件差异显著。分层期间水库表水层垂向混合作用强、厚度逐渐增加，5—8 月水库表水层主要受太阳辐射增强的影响，9—11 月随着气温下降表层冷水下沉加剧了垂向对流混合。

水库温跃层表、底温差较大，温度梯度为 0.28～3.22℃/m，7 月、8 月温跃层厚度和温度梯度均最大，温差最大达到 20.97℃。潘家口水库较大的表、底温差限制了水体垂向掺混，有效抑制垂向上物质和能量的传递，使得该水库秋冬季节垂向混合的时间比周边水库晚 1 个月左右。

潘家口水库滞温层的厚度随热分层的持续而减小，水温则缓慢增加，从热分层初期的 4℃增至末期的 7.7℃，210 天的热分层期间仅升温 3.7℃。

5.4.2 热分层对溶解氧层化结构的影响

本书对比分层期间热分层和溶解氧层化结构各层厚度的计算结果，分析潘家口水库热分层对溶解氧层化结构的影响。热分层期间潘家口水库的表水层、温跃层、滞温层与溶解氧的混合层、氧跃层、氧亏层的垂向分布相似，各层厚度随时间的变化趋势也基本一致。其中表水层厚度和溶解氧的混合层厚度基本一致，厚度逐渐增加；温跃层厚度略大于氧跃层，氧跃层位于温跃层上侧，厚度先增后减；滞温层作为水库最下层，氧亏层位于该层，厚度逐渐减小。

结合热分层期间水库典型月份，分析潘家口水库 2017—2019 年坝前监测点 16# 水温、溶解氧垂向分布（图 5-27、图 5-28）。水温的表水层对应溶解氧的混合层，该层在风力扰动和太阳辐射作用下水体垂向混合均匀，水温和溶解氧的垂向分布也较为均匀。潘家口水库温跃层温度梯度较大，2017—2019 年 8 月温度梯度大于 3℃/m，较大的温度梯度导致了较大的密度梯度，有效抑制水体的垂向混合，致使水温和溶解氧的垂向补给有限；该层在大量耗氧过程的作用下溶解氧的消耗远大于补给，层内溶解氧浓度随水深增加急剧降低，2017 年、2018 年 8 月溶解氧最小值均低于 1mg/L。滞温层位于水库下层，在温跃层的阻隔作用下水体紊动小，热分层期间能量和物质的垂向传递有限，来自上层的热量和溶解氧补给小，水温缓慢增加，溶解氧浓度在沉积物耗氧的作用下持续、缓慢下降。

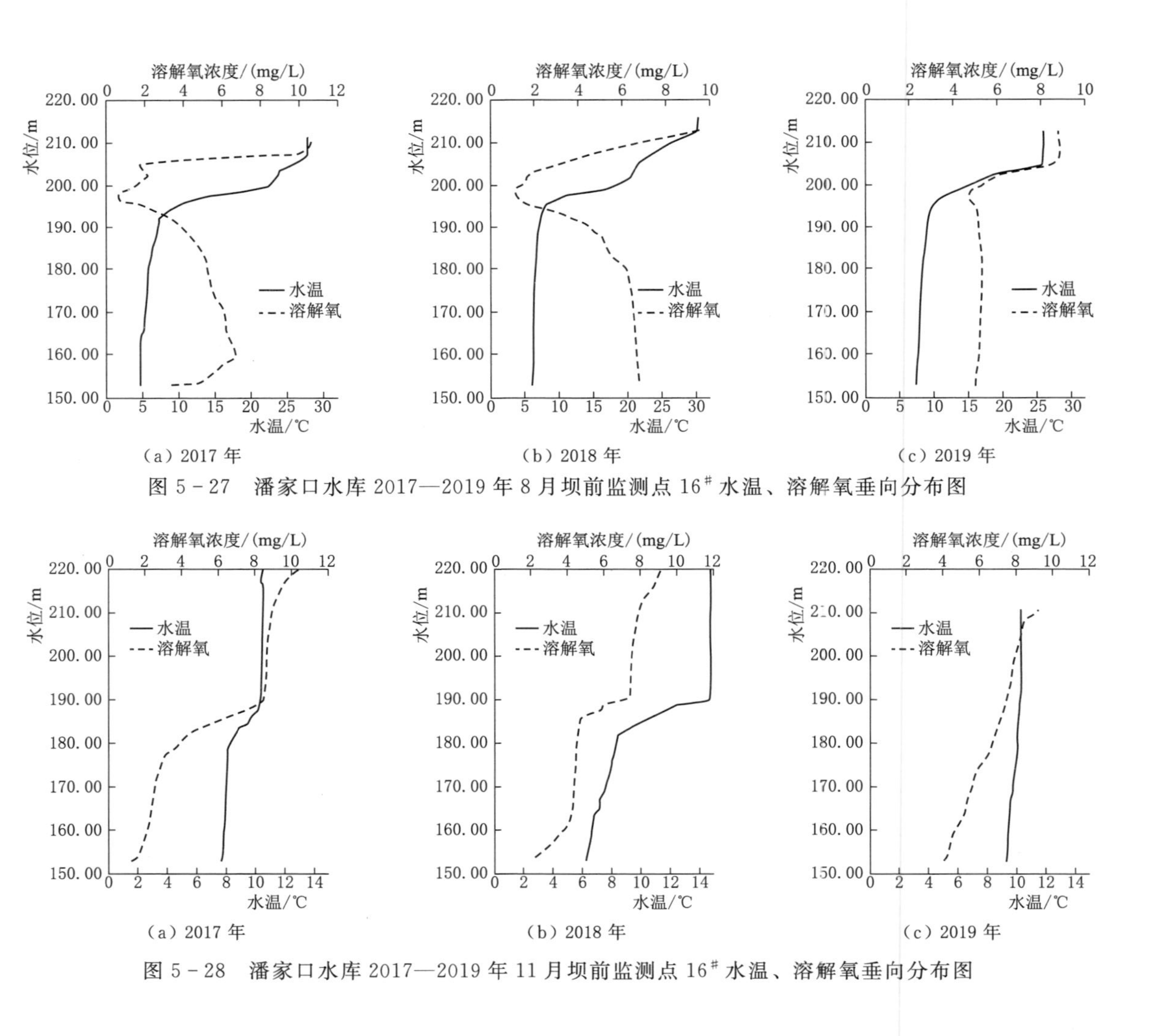

（a）2017 年　（b）2018 年　（c）2019 年

图 5-27　潘家口水库 2017—2019 年 8 月坝前监测点 16# 水温、溶解氧垂向分布图

（a）2017 年　（b）2018 年　（c）2019 年

图 5-28　潘家口水库 2017—2019 年 11 月坝前监测点 16# 水温、溶解氧垂向分布图

由此可见，水库热分层使得垂向各层水体的水动力差异显著，为溶解氧的垂向分层提供了分异性物理环境，潘家口水库溶解氧分层高度依赖热分层模式。

5.4.3 热分层对氧跃层和氧亏层耗氧的影响

热分层期间水库耗氧过程主要集中在水库的温跃层和滞温层底部，本节对这两部分耗氧开展相关分析。

为了分析潘家口水库温跃层对该层耗氧的影响，本书选取2017年、2018年潘家口水库热分层期间温跃层温度梯度与溶解氧浓度梯度，对二者进行相关性分析（图5-29）。2017年、2018年热分层期间潘家口水库温跃层的温度梯度与氧跃层溶解氧的浓度梯度有显著的正相关关系，温跃层温度梯度越大，溶解氧的浓度梯度越大。温跃层较大的温度梯度可有效抑制垂向溶解氧的补给，同时温跃层内随着水深的增加，水温降低、水体密度增大，上层有机颗粒沉降速度降低，有机物在该层充分的矿化分解，使得该层耗氧量增加。因此温跃层的温度梯度控制了该层溶解氧的补给与消耗，进而控制了氧跃层溶解氧的浓度梯度的变化。

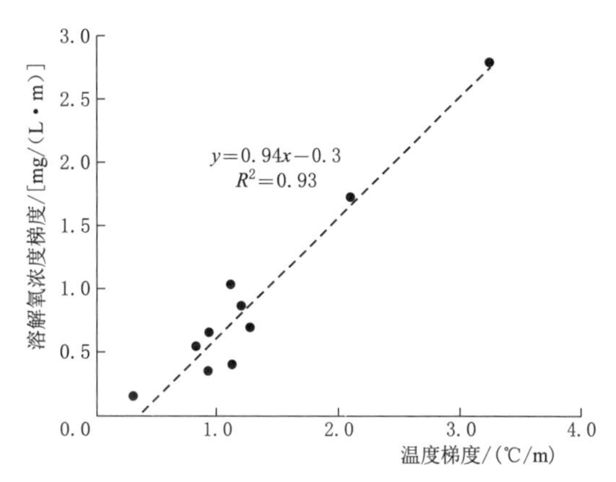

图5-29 2017年、2018年潘家口水库热分层期间温跃层温度梯度与溶解氧浓度梯度相关性分析图

热分层期间水库滞温层的耗氧主要发生在水库底部，水库热分层控制滞温层底部水温的变化，进而影响底部耗氧速率。为了分析热分层对底部耗氧的影响，本书选取坝前监测点16#和库尾监测点5#、6#等不同水深监测点，对比分析2017年8—10月各月滞温层底部的水温、溶解氧浓度（图5-30、图5-31、表5-8）。2017年8—10月坝前监测点16#和库尾监测点5#、6#的垂向水温分布基本一致，随着监测点5#、6#、16#水深的逐渐增加，各月库底水温逐渐降低，库底溶解氧浓度逐渐升高。如2017年8月监测点5#、6#、16#库底水温分别为8.1℃、6.4℃、4.7℃，溶解氧浓度分别为1.3mg/L、2.9mg/L、3.4mg/L；至2017年10月，库底水温分别增加至8.8℃、7.9℃、7.1℃，溶解氧浓度

分别为 0.6mg/L、1.3mg/L、1.7mg/L。热分层期间，水深较浅的区域滞温层更容易出现缺氧。

潘家口水库水深较浅的区域，滞温层底部水温、耗氧率均较高，溶解氧迅速消耗。Harris 等基于代谢理论的研究表明，水体初级生产力和呼吸作用随水温的升高而增加，大西洋东北部河口水温增加 4℃，水体初级生产力增加 20%，呼吸作用增加 43%，底部水体缺氧的可能性也相应增加。Hansen 等指出，丹麦海峡水温升高 4℃，底部溶解氧浓度降低 0.96mg/L。Müller 等基于对欧洲多个湖库的研究指出，热分层水体底部耗氧率随滞温层厚度减小线性增加，当滞温层厚度较小时，滞温层底部耗氧率高，底部溶解氧将迅速下降，导致在较短的

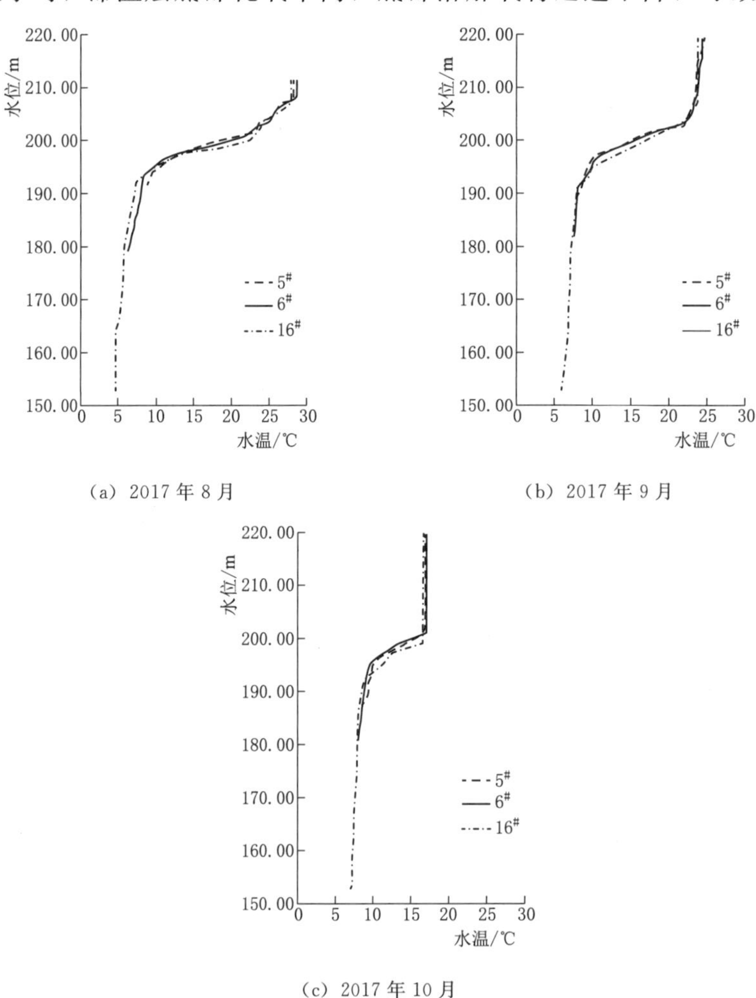

(a) 2017 年 8 月

(b) 2017 年 9 月

(c) 2017 年 10 月

图 5-30　2017 年 8—10 月水库坝前监测点 16#
和库尾监测点 5#、6# 的水温垂向分布图

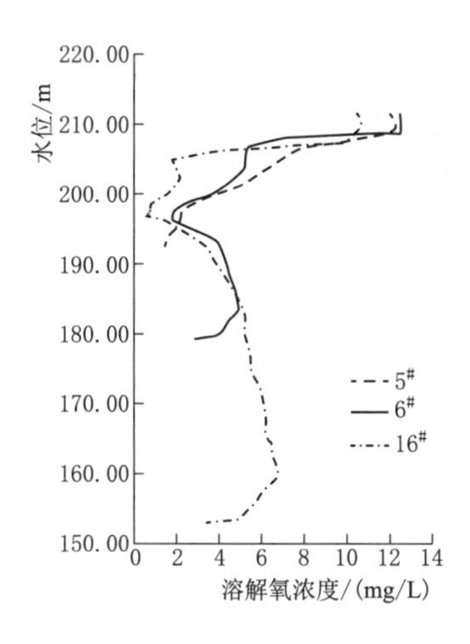

(a) 2017 年 8 月

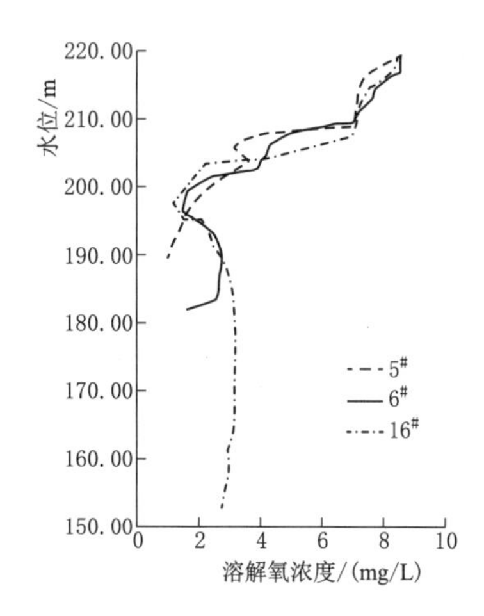

(b) 2017 年 9 月

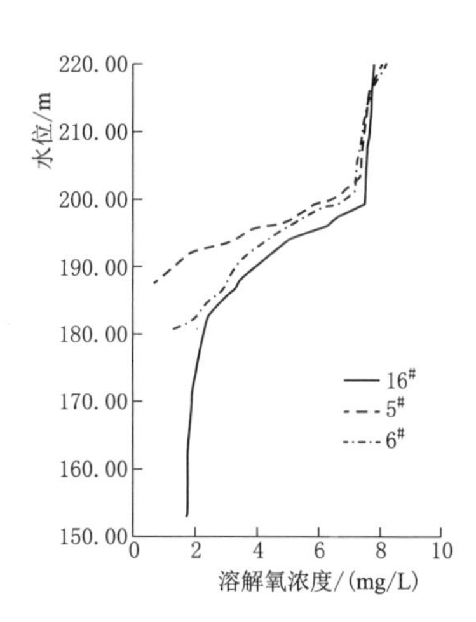

(c) 2017 年 10 月

图 5-31 2017 年 8—10 月水库坝前监测点 16# 和库尾监测点 5#、6# 的溶解氧垂向分布图

表 5-8 2017 年 8—10 月水库坝前监测点 16# 和库尾监测点 5#、6# 库底水温、溶解氧浓度一览表

月份	5#		6#		16#	
	水温/℃	溶解氧浓度/(mg/L)	水温/℃	溶解氧浓度/(mg/L)	水温/℃	溶解氧浓度/(mg/L)
8	8.1	1.3	6.4	2.9	4.7	3.4
9	8.3	1	7.5	1.6	6	2.7
10	8.8	0.6	7.9	1.3	7.1	1.7

时间内出现缺氧区。2017 年和 2018 年潘家口水库一直保持高水位运行，平均水深为 65.44m，在水库库中—坝前水深较大的区域，热分层期间滞温层较厚、水温较低，底部耗氧率较小，底部均保持有相对较高的溶解氧浓度。

由此可见，热分层期间水库库底水温随着水深的减小而增加，相对较高的底部水温使得底部耗氧率相对较大，滞温层更易缺氧。据此可以认为，为保证潘家口水库坝前下泄供水水质、抑制坝前区域出现缺氧区，应尽量保持该水库在较高水位下运行。

5.5 生化过程对水库溶解氧的影响分析

溶解氧的循环过程伴随有机物的氧化还原，这个过程直接驱动氧、氮、铁、锰、硫的循环，间接驱动磷的循环。为了阐明潘家口水库生化过程对溶解氧的影响，本书结合潘家口水库的水质状况，选取叶绿素 a、TN、氨氮、硝酸盐、TP、铁、锰等指标，分析其时空变化规律及对水库溶解氧的影响。

5.5.1 潘家口水库生化特征

热分层期间在典型生化过程的驱动下，潘家口水库叶绿素 a、氮、磷等物质呈现显著的垂向分层特征。

水库上层混合层叶绿素 a 浓度随气温波动，每年 5—9 月水库表层水温达到 15℃以上，适宜的水温和充足的光照条件促使藻类等浮游植物大量繁殖，如 2017 年 5 月、8 月表层水体叶绿素 a 浓度分别达到 16.51μg/L、15.57μg/L，该层浮游植物生物量增加、光合作用强。藻类等浮游植物的生长吸收大量的氮、磷等生源物质，这也是混合层氮、磷浓度下降的主要原因。

水库的氧跃层叶绿素 a 浓度随水深增加而降低，特别是每年 5 月和 8 月潘家口水库处于稳定的热分层，氧跃层底部叶绿素 a 浓度降低至 1μg/L 以下，叶绿素 a 浓度的降低主要是浮游动物牧食和浮游植物大量死亡、降解导致，这些过程中伴随着浮游动物的呼吸作用和有机物矿化分解作用。

氧亏层各月叶绿素 a 的浓度均较低，且在垂向上变化不大，沉降至该层的有机颗粒沉降过程中消耗有限，有机物的矿化分解集中在库底。氧亏层氮、磷浓度垂向也不大，但热分层中后期底部 TP、氨氮、硝酸盐出现显著变化，主要体现为底部TP、氨氮浓度的逐渐升高以及硝酸盐浓度的降低。氧亏层有机物主要集中于库底沉积物表面，这些有机物的矿化分解持续向底层水体释放氨氮和磷，导致底层氨氮、TP浓度的升高，并随着热分层的持续浓度逐渐累积；同时在热分层末期（10月、11月）潘家口水库底层水体发生反硝化反应消耗硝酸盐，使得水库底层硝酸盐浓度的降低。

磷在沉积物中主要以Fe-P、Mn-P等形式存在，潘家口水库所在滦河流域铁矿资源丰富，水库沉积物中Fe-P含量远远大于Mn-P。目前仅在热分层末期潘家口水库库底监测到锰浓度的升高，未发现铁浓度升高，说明水库在热分层末期库底沉积物中Mn-P发生了还原释放，尚未出现Fe-P还原释放，Mn-P的还原是导致热分层末期库底TP浓度显著升高的主要原因。

由此可见，热分层期间潘家口水库生化作用具有显著的分层特征，表水层主要为浮游植物的光合作用，氧跃层以浮游植物死亡形成的大量有机颗粒矿化分解及浮游动物的呼吸作用为主，氧亏层主要为水库沉积物中有机物的矿化分解作用、热分层末期Mn-P还原作用及底部水体的反硝化作用。

5.5.2 水库典型物质与溶解氧的相互作用分析

热分层期间潘家口水库垂向各层典型的生化作用驱动各种物质的氧化还原和溶解氧浓度的变化，因此，本书分析潘家口水库热分层期间参与上述生化过程的典型物质与溶解氧的相互作用关系，据此分析生化过程对水库溶解氧的影响。

叶绿素a浓度可以反映水库浮游植物生物量的动态变化，反映垂向光合作用、分解作用等碳循环有关的生化过程强度。潘家口水库监测点16#典型时段叶绿素a垂向分布如图5-32所示，叶绿素a垂向变化与水温和溶解氧分层相似。分层期间潘家口水库表层水体叶绿素a浓度高，藻类等浮游植物大量繁殖，藻类的光合作用产生大量氧是混合层水体溶解氧过饱和的主要原因。

热分层期间水库氧跃层叶绿素a和溶解氧浓度均随水深同步、急剧降低，水库水体透明度较低，2017年8月水体透明度仅为1.3m，氧跃层内光照强度弱，光合作用产氧量减少，该层浮游动物捕食大量浮游植物，加之死亡的浮游植物颗粒体积较小的、沉降速度缓慢，能在该层充分的矿化分解耗氧，这是氧跃层叶绿素a和溶解氧浓度急剧降低的主要原因。

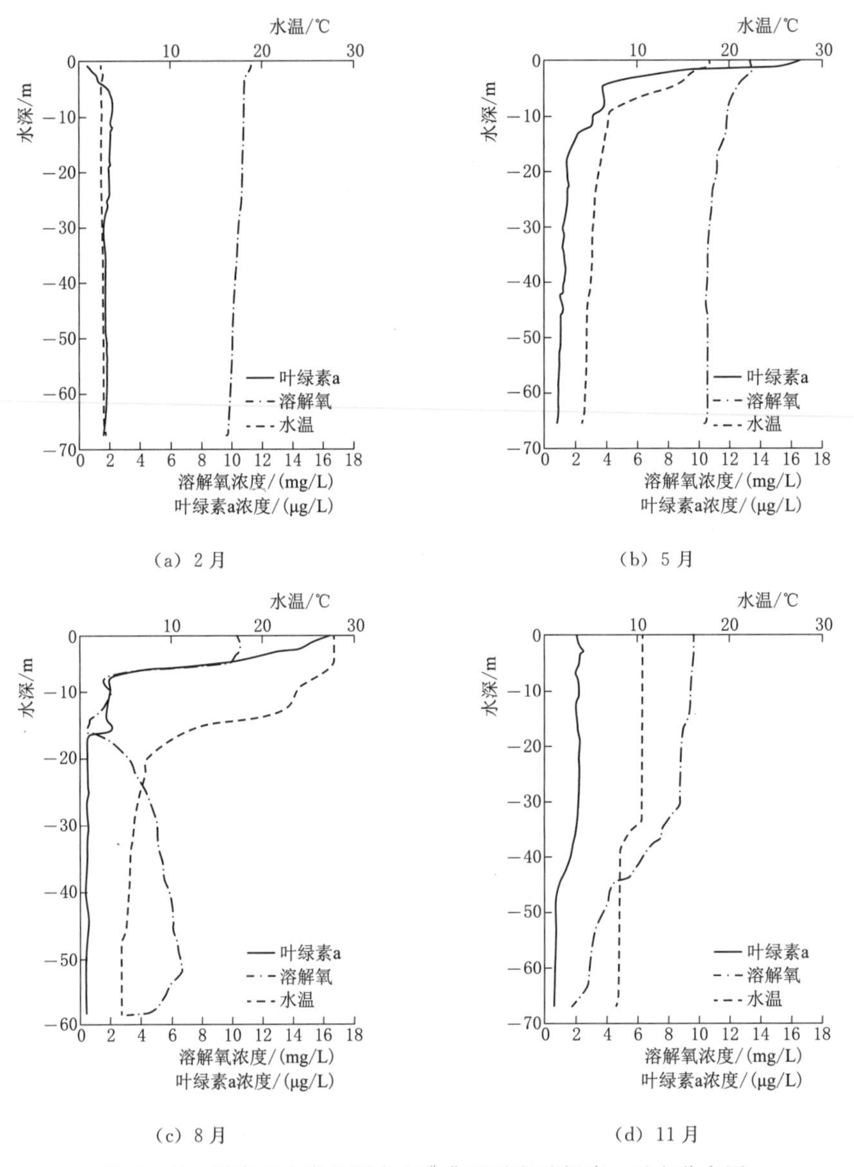

图 5-32 潘家口水库监测点 16# 典型时段叶绿素 a 垂向分布图

氧亏层的叶绿素 a 浓度较低且垂向浓度变化不大，从水库上层输入到氧亏层的有机物通量小，且与氧亏层沉降至底部的有机物通量基本一致，这些进入氧亏层的有机颗粒碎屑快速沉降至沉积物表面，沉降过程中消耗有限，该层有机物分解耗氧主要集中在库底。长期以来潘家口水库的生源要素充足、生产力较高，加之长期的网箱养殖，导致水库底部沉积物处于重度污染状态，有机污染相对严重，水库底部耗氧物质十分丰富，热分层期间水库底部溶解氧逐渐降低。

水体各种形态氮浓度的变化与溶解氧浓度密切相关，潘家口水库热分层期间底部水体各种形态氮的浓度受溶解氧影响较大。热分层期间底部氨氮浓度持续增加，每年5—11月底部水体氨氮浓度从0.12mg/L增加至0.21mg/L，热分层中后期随着库底溶解氧浓度的降低，氨氮浓度迅速增加。同时硝酸盐浓度降低，每年8—11月底部水体硝酸盐浓度从3.78mg/L降至2.58mg/L，硝酸盐作为氧化剂每消耗1mg/L相当于2.86mg/L的氧，因此库底水体消耗的硝酸盐相当于减少了3.4mg/L氧的消耗。缺氧水体发生反硝化反应，硝酸盐作为氧化剂被消耗，减缓了水体氧的消耗，反硝化的缓冲作用是潘家口水库在沉积物重污染状态下底部耗氧率较低的重要原因。

溶解氧浓度的变化也会驱动磷的循环，导致水体磷浓度的变化。磷在潘家口水库沉积物中以Fe-P、Mn-P等形式存在，水库底部水体磷浓度受溶解氧影响显著。热分层中期库底溶解氧浓度降低至4mg/L以下，底部水体中监测到了锰、TP浓度的升高，说明此时沉积物中Mn-P发生了还原释放，但铁的浓度较低、还没有出现Fe-P还原释放。

由此可见，热分层末期潘家口水库底层水体短暂缺氧，底层存在一定程度的反硝化脱氮以及TP、氨氮等内源污染的显著释放。

5.5.3 水库氮磷滞留效应与溶解氧的相互作用分析

已有研究表明，热分层湖库氮、磷滞留率与热分层期间库底缺氧程度有较好的对应关系。水库氮、磷的滞留效应是水体物质沉降和沉积物物质释放共同作用的结果，物质沉降使得水体氮、磷滞留增加，但水库底部缺氧将会导致沉积物中磷的大量释放、水库磷的滞留率降低，也会导致库底发生反硝化反应消耗硝酸盐、水库硝酸盐滞留率升高。

潘家口水库长期运行，库底沉积物严重污染，目前已经监测到热分层末期库底缺氧、沉积物中磷等内源污染的显著释放。由于水库缺乏长序列垂向溶解氧的监测数据，本书以水库氮、磷滞留效应入手，分析水库运行以来内、外源负荷的贡献率，诊断水库沉积物充当营养物质的“源”还是“汇”，以此来了解水库底部溶解氧的状况。

5.5.3.1 水库氮磷滞留效率的估算

考虑到水库每年的水位变化对物质保留量的影响，本书对水库营养盐的滞

留效率的计算方法为

$$RET = [(M_{in} - M_{out}) - \Delta M]/M_{in} \tag{5-1}$$

式中 RET——营养盐的滞留效率，%；

M_{in} 和 M_{out}——每年营养盐入库、出库的通量，t；

ΔM——每年库区营养盐总量的变化量，t。

M_{in} 和 M_{out} 的计算采用逐月的水质、流量数据，计算公式为

$$M = 31.536\sum_{i=1}^{T} Q_i C_i \tag{5-2}$$

式中 M——一年内通过断面的营养盐通量（为各月的累加），t；

Q_i——各月流量，m^3/s；

C_i——各月营养盐的浓度，mg/L。

每年库区营养盐总量的变化量的计算公式为

$$\Delta M = M_{end} - M_{init} = 100V_{end}C_{end} - 100V_{init}C_{init} \tag{5-3}$$

式中 M_{init}、M_{end}——水库年初、年末营养盐的总量，t；

V_{init}、V_{end}——年初、年末的水库蓄水量，亿 m^3；

C_{init}、C_{end}——水库年初、年末营养盐的平均浓度，mg/L。

考虑水库热分层的影响，混合期 1 月的库表浓度能代表垂向平均浓度，因此式（5-3）中 V_{init}、C_{init} 选取当年 1 月水库的蓄水量和实测营养盐浓度，V_{end}、C_{end} 选取第二年 1 月水库的蓄水量和实测营养盐浓度。

5.5.3.2 水库氮磷的滞留效应分析

潘家口水库出库水质的逐月连续监测从 2014 年开始，因此本研究计算 2014—2018 年潘家口水库氮、磷的滞留效率（图 5-33）。近 5 年 TP 的平均滞留效率为－6%，逐年呈增加趋势，2014 年、2015 年水库 TP 的滞留率为负值，库区存在内源污染的释放，且内源污染的释放量是上游入库 TP 年负荷量的 1.5 倍以上；2016—2018 年水库 TP 的滞留率为正值，且滞留率逐年增加，水库存在一定的磷滞留。近 5 年来 TN、氨氮、硝氮的总滞留效率分别为 26%、70%、23%，各年均为正值，TN 和氨氮滞留效率年际波动较大，硝酸盐滞留效率逐年降低。

建库以来库区与入库氮、磷浓度分布如图 5-34 所示，二者的浓度比为图 5-34 上的斜率。斜率小于 1 时，说明库区浓度高于入库浓度，库区氮、磷沉降

大于释放；斜率为1时，说明库区浓度等于入库浓度，库区内氮、磷处于沉降与释放的平衡状态；斜率大于1时，说明库区浓度高于入库浓度，水库出现内源污染的大量释放。该比值与水库营养盐的滞留效应有较好的负相关关系，能够总体反映水库营养盐滞留效应的变化。

库区与入库的TP浓度比基本小于1，建库以来水库以磷滞留为主，但滞留效应逐渐降低［图5-34（a）］。磷的滞留效应是库区水体磷沉降与沉积物磷释放共同作用的结果，滞留效率的降低体现出沉积物释放量的增加。2007年以前浓度比基本小于0.48，水体滞留率高，库区磷大量沉降；而2014—2018年浓度比达到0.9以上，库区磷基本饱和，处于磷沉降与释放的平衡状态，其中2015年浓度比甚至达到1.6，当年出现内源污染的大量释放。TP的滞留效率与上游来水磷负荷、网箱养殖的历史密切相关，随着上游来水负荷的增加、网箱养殖面积的增大，磷的滞留效率逐渐下降。2016年随着来水TP浓度的下降以及网箱的全面清除，水库磷的滞留效率逐渐增加，水库由磷“源”转成“汇”。

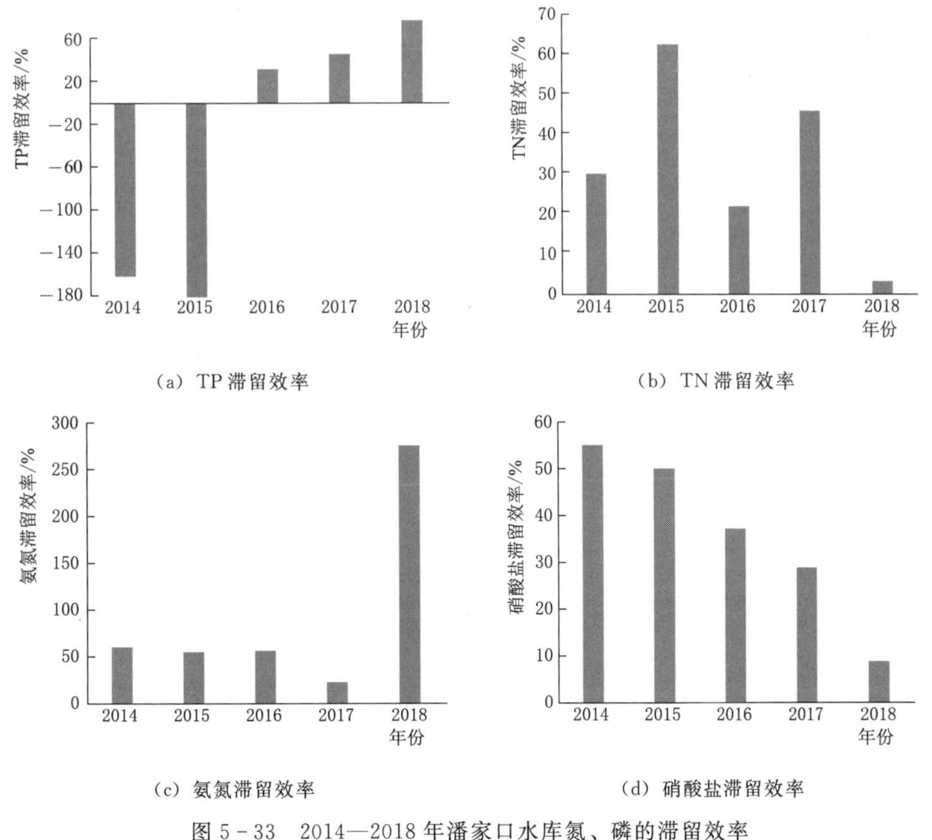

（a）TP滞留效率　　（b）TN滞留效率

（c）氨氮滞留效率　　（d）硝酸盐滞留效率

图5-33　2014—2018年潘家口水库氮、磷的滞留效率

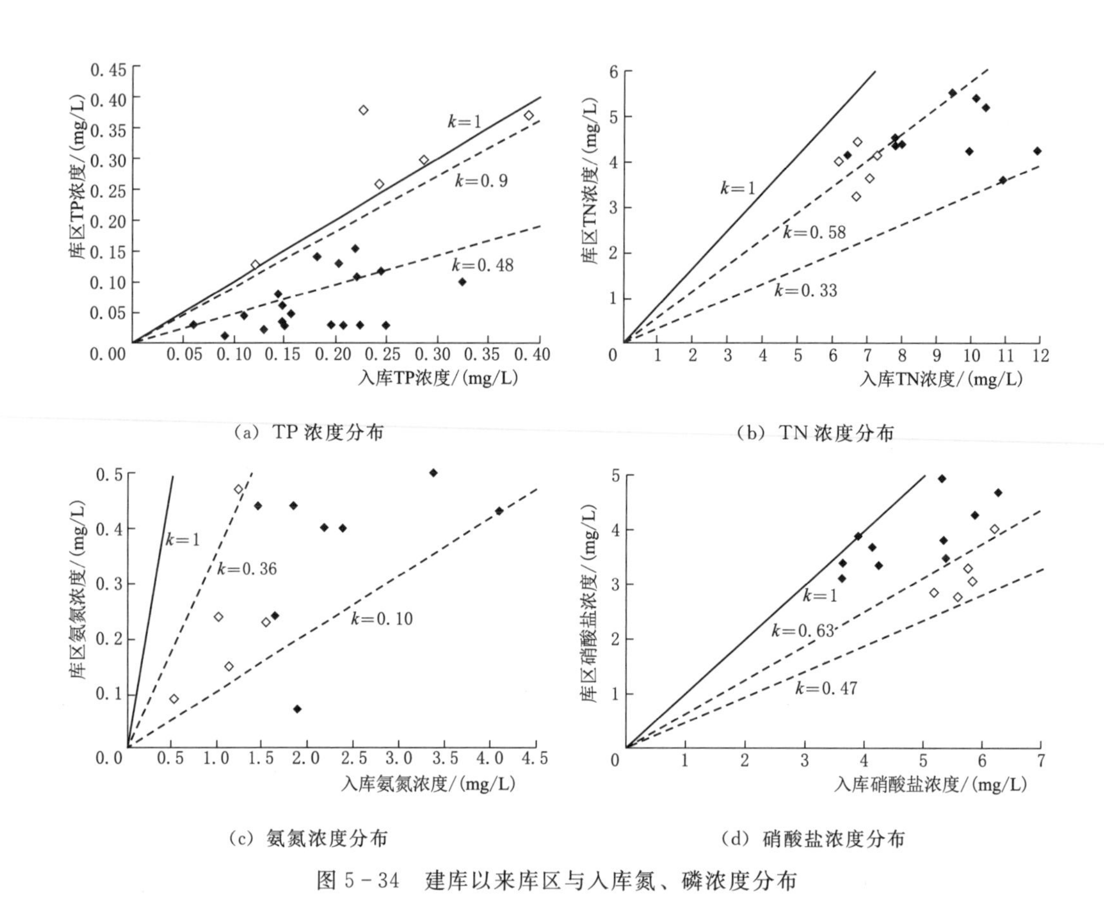

(a) TP 浓度分布

(b) TN 浓度分布

(c) 氨氮浓度分布

(d) 硝酸盐浓度分布

图 5-34 建库以来库区与入库氮、磷浓度分布

长期以来库区与入库 TN、氨氮、硝酸盐的浓度比均小于 1，水库存在明显的氮滞留［图 5-34（b）～图 5-34（d）］。其中，库区氨氮浓度远低于来水浓度，水库对氨氮的滞留率高。2014 年以前库区硝酸盐的滞留效率相对较低，2014—2018 年硝酸盐的滞留率明显升高。氮、磷的滞留机理不同，磷在水体的滞留主要是以颗粒态的形式沉降，而氮主要是硝酸盐反硝化反应以气态形式脱氮。库区氨氮主要来源于上游入库和底部沉积物氨化反应的释放，潘家口水库水体的停留时间长，氨氮能充分发生硝化反应，被氧化成硝酸盐，因此库区氨氮一直维持较低浓度。而对于水体中较为稳定存在的硝酸盐，可在水体溶解氧浓度低于 4mg/L 时发生反硝化，该过程硝酸盐作为氧化剂被还原，以气态的形式脱氮。每年热分层中后期潘家口水库底层水体溶解氧浓度降低，库底甚至发生反硝化反应消耗大量硝酸盐。

通过上述分析发现，TP 和硝酸盐滞留效应的趋势相反，据此对 TP 和硝酸盐的库区与入库浓度比进行相关性分析。TP和硝酸盐库区与入库浓度比如图5-35所示，浓度比有显著的负相关关系，库区磷的滞留效率随着污染负荷的增加而降低，硝酸盐的滞留效应随之升高，水库磷释放和硝酸盐反硝化脱氮同时发生。

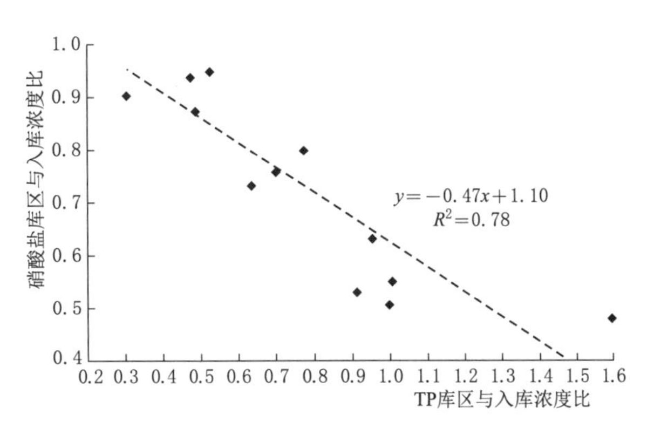

图5-35 TP和硝酸盐库区与入库浓度比

库底反硝化反应速率与沉积物耗氧之间存在线性相关关系，沉积物耗氧主要由水体当前的生产力控制。随着水库氮、磷浓度的升高，水体生产力增加，水库底部的耗氧量随之增加，水库底部缺氧程度加剧，反硝化反应消耗更大量的硝酸盐。底部缺氧也会导致沉积物中更大量的磷释放，这也是水库磷和硝酸盐滞留效率呈显著负相关关系的主要原因。库区磷的滞留效率随着污染负荷的增加而降低，硝酸盐的滞留效应随之升高，说明潘家口水库随着污染负荷的增加，水库缺氧逐渐加剧。

水库的氮、磷浓度是外源和沉积物内源综合作用的结果，其中内源负荷不是水体中新的污染源，而是长期以来外源沉积到底部的污染负荷再释放的过程。潘家口水库长期以来上游来水氮、磷浓度高，且网箱养殖面积逐年扩大，网箱养殖过程中未食饵料和鱼类排泄物等对水体营养盐产生影响的同时，大部分沉降至库底，使得沉积物有机污染严重。潘家口水库沉积物污染负荷的存量大，热分层期间库底缺氧、内源污染的大量释放是未来水库水质恶化的潜在风险。

5.6 潘家口水库溶解氧演化的关键控制条件分析

潘家口水库沉积物有机污染严重，库底耗氧物质丰富，然而库底耗氧率相对较低，仅在热分层末期出现短暂缺氧，其缺氧持续时间和缺氧严重程度远小于污染状况类似的下游大黑汀水库。

根据本书对潘家口水库溶解氧的影响分析发现，水库水动力、热分层及生化过程显著影响溶解氧的补给、消耗和缓冲过程，进而控制水库溶解氧的演化，

也是保证水库底部耗氧率低的主要原因。

(1) 潘家口水库的大流量供水下泄和高频率的抽水蓄能调度增加了水体的垂向混合，且水库调度的进出水口均位于水库死水位以下，热分层期间水库调度对滞温层的扰动较大，有效增加了水库中下层溶解氧的补给。

(2) 潘家口水库库容较大、调节性能较好，水库热分层稳定性较强，有效抑制了水体的垂向混合；近年来水库的高水位运行，进一步增加了水库热分层的稳定性，使得热分层期间库底水温增幅不足4℃，较低的库底水温减缓了沉积物生化反应的速率，进而减缓了水库溶解氧的消耗速率。

(3) 潘家口水库硝酸盐浓度和滞留效应均较高，热分层中后期水库底部存在显著的反硝化反应，消耗大量硝酸盐，反硝化反应中硝酸盐作为氧化剂消耗有机物，缓解了库底溶解氧的消耗，对水库溶解氧的演化起到了较好的缓冲作用。

总体来说，潘家口水库大流量供水下泄和高频率的抽水蓄能调度、水库高水位运行及库底显著的硝酸盐反硝化反应等作用于溶解氧的补给、消耗、缓冲等环节，是水库在沉积物重污染条件下底部耗氧速率相对较低的主要原因。潘家口水库的常规调度、抽水蓄能调度、运行水位等水库调度运行方式以及水体硝酸盐浓度等是溶解氧演化的关键控制条件，也是后续研究滞温层溶解氧改善对策的重点。

5.7 小结

本章结合潘家口水库地形条件、调度运行状况等，以溶解氧为核心指标，设置本研究的水质监测方案。同时分析了潘家口水库水质的时空变化规律和溶解氧演化特征，系统研究了水库水动力、热分层和生化过程对溶解氧的影响，据此明确了水库溶解氧演化的关键控制条件。主要结论包括：

(1) 潘家口水库全年库表、库底水温在2.4～30.2℃、2.4～7.7℃范围内波动，呈现“暖分层-混合”的暖单次层化模式。4月中旬至11月底水温分层，分层持续时间为210天，分层期间滞温层升温小于4℃，升温缓慢。12月至次年4月混合期水库不封冰，水体垂向混合均匀。

(2) 潘家口水库溶解氧层化结构出现时间比热分层滞后一个月左右。分层期间混合层溶解氧处于过饱和状态；氧跃层溶解氧浓度随水深增加急剧下降，

7—8 月处于缺氧状态；氧亏层溶解氧浓度逐渐降低，热分层末期库底出现短暂缺氧现象。分层期间水库底部耗氧率相对较低，仅为 0.045mg/(L·d)。

(3) 潘家口水库调度使得热分层期间坝前水体温跃层下移、库底溶解氧浓度增加，坝前比库中的库底溶解氧浓度高 18%以上；热分层末期水库调度破坏坝前水温、溶解氧分层，缩短了坝前水体热分层和缺氧的持续时间。

(4) 潘家口水库分层期间溶解氧的混合层、氧跃层和氧亏层与水温的表水层、温跃层和滞温层分布基本一致。表水层/混合层厚度逐渐增加，水温和溶解氧垂向均匀分布；温跃层/氧跃层厚度均先增后减，该层温度梯度与溶解氧的浓度梯度呈显著正相关，较大的温度梯度控制了溶解氧的补给与消耗；滞温层/氧亏层厚度逐渐减小，水深较浅的水域底部水温高、耗氧率大、更易缺氧。

(5) 潘家口水库生化作用具有显著的季节性分层特征，混合层叶绿素 a 浓度高达 15μg/L 以上，浮游藻类光合作用产氧量大，溶解氧过饱和；氧跃层浮游植物大量死亡分解等耗氧量大，层内叶绿素 a 与溶解氧浓度同步，急剧降低；氧亏层叶绿素 a 浓度低、垂向变化小，有机物分解耗氧主要集中于库底，库底溶解氧逐渐降低，存在反硝化脱氮以及 TP、氨氮等内源污染的显著释放，近年来水库磷的滞留效应降低、硝酸盐消耗增加。

(6) 潘家口水库大流量供水下泄和高频率的抽水蓄能调度、高水位运行、大量硝酸盐的反硝化反应分别作用于溶解氧的补给、消耗和缓冲过程，有效增强了库底溶解氧的补给和缓冲能力、降低了溶解氧的消耗，是潘家口水库在沉积物重污染状态下底部耗氧率较低的重要原因，也是水库溶解氧演化的关键控制条件。

第6章 潘家口水库溶解氧数值模型的构建

为了更加全面、准确的了解潘家口水库动力场、温度场、浓度场作用下溶解氧的演化特征和变化规律，有必要借助数值模拟的方法构建潘家口水库三维水动力-水质数学模型，对其进一步深入分析。对此，本书根据热分层水库溶解氧概念模型的思想，构建潘家口水库三维水动力-水质数学模型，对水库物理、生化过程进行模拟，分析溶解氧层化结构的演化机制。

6.1 水库三维水动力-水质数学模型的构建

基于热分层水库溶解氧演化的概念模型及潘家口水库溶解氧演化规律的分析，本书构建潘家口水库三维水动力-水质数学模型，该模型包括水动力、热分层、生化过程等，充分考虑溶解氧的补给、消耗、缓冲作用。

6.1.1 模型控制方程

潘家口水库三维水动力-水质数学模型的控制方程包括水动力基本控制方程、影响水库热量变化的热量交换反应方程以及包含各种生化过程的水质反应方程等。

6.1.1.1 水动力基本控制方程

水动力基本控制方程的守恒定律包括质量守恒、动量守恒和能量守恒，这3个守恒是水动力学的基础。本模型水动力计算守恒方程包括紊动影响以及密度的变化，描述水流、温度等变化，其控制方程为

$$\frac{1}{\rho c_s^2}\frac{\partial P}{\partial t}+\frac{\partial u_j}{\partial x_j}=SS \tag{6-1}$$

$$\frac{\partial u_i}{\partial t}+\frac{\partial (u_i u_j)}{\partial x_j}+2\Omega_{ij}u_j=-\frac{1}{\rho}\frac{\partial P}{\partial x_i}+g_i$$

$$+\frac{\partial}{\partial x_j}\left[v_T\left(\frac{\partial u_i}{\partial x_j}+\frac{\partial u_j}{\partial x_i}\right)-\frac{2}{3}\delta_{ij}k\right]+u_i SS \tag{6-2}$$

$$\frac{\partial T}{\partial t}+\frac{\partial}{\partial x_j}+(Tu_j)=\frac{\partial}{\partial x_j}\left(D_T\frac{\partial T}{\partial x_j}\right)+SS \tag{6-3}$$

式中 t——时间；

ρ——水的密度；

u_i、u_j——x_i、x_j 方向的速度分量；

c_s——水中声的传播速度；

P——压力；

Ω_{ij}——柯氏张量；

g_i——重力矢量；

v_T——紊动黏性系数；

δ_{ij}——Kronecker 函数；

k——紊动动能；

T——温度；

D_T——温度扩散系数；

SS——各自的源汇项。

本次模拟的湍流模型采用 $k-\varepsilon$/Smagorinsky 混合模式，即垂向采用标准 $k-\varepsilon$ 模型，水平采用 Smagorinsky 公式进行动态计算。该模型用两个量的输运方程来描述湍流运动，具体为

$$\frac{\partial k}{\partial t}=\frac{\partial}{\partial z}\left(\frac{v_T}{\sigma_k}\frac{\partial k}{\partial z}\right)+v_T\left[\left(\frac{\partial u}{\partial z}\right)^2+\left(\frac{\partial v}{\partial z}\right)^2\right]+\frac{g}{\rho}\frac{v_T}{\sigma_T}\frac{\partial \rho}{\partial z}-\varepsilon \tag{6-4}$$

$$\frac{\partial \varepsilon}{\partial t}=\frac{\partial}{\partial z}\left(\frac{v_T}{\sigma_S}\frac{\partial \varepsilon}{\partial z}\right)+C_{1S}\frac{\varepsilon}{k}(P+C_{3S}G)-C_{2S}\frac{\varepsilon^2}{k} \tag{6-5}$$

Smagorinsky 方程为

$$v_T=\frac{1}{2}C_{sm}^2 D_s^2\sqrt{S_{ij}S_{ji}} \tag{6-6}$$

$$S_{ij}=\frac{1}{2}\left(\frac{\partial u_i}{\partial x_j}+\frac{\partial u_j}{\partial x_i}\right) \tag{6-7}$$

式中 u、v——水平速度分量；

ρ——密度；

σ_T——普朗特数；

C_{1S}、C_{2S}、C_{3S}、σ_k、σ_S——经验常数；

D_s——水平网格间距；

C_{sm}——Smagorinsky 常数。

6.1.1.2 热量交换反应方程

根据热分层水库溶解氧演化的概念模型，数值模型中热量交换过程主要包括水-气界面的太阳的水面热交换、流入和流出，其中水-气界面热交换主要包括短波辐射、长波辐射、大气和水体的热传导、蒸发产生的热传输等，水面热交换的表达式为

$$\Delta q = q_{lr,net} + q_{sr,net} - q_v - q_c \tag{6-8}$$

式中 Δq——水面热交换总量；

$q_{sr,net}$——净短波辐射；

$q_{lr,net}$——水面的净长波辐射；

q_v——蒸发热损失量；

q_c——大气和水面的热传导量。

1. 短波辐射

短波辐射是波长短于 3μm 的太阳辐射。太阳的短波辐射大部分被臭氧层吸收，仅有小部分到达地球表面。短波辐射的强度和地球与太阳的距离、太阳辐射的方位角和日照时长、地外辐射、云层作用下的太阳辐射，以及水体反射率等有关。

(1) 地球与太阳的距离。辐射到太阳的平均距离 r_0 与实际距离 r 的比值公式为

$$E_0 = \left(\frac{r_0}{r}\right)^2 = 1.000110 + 0.034221\cos\Gamma + 0.001280\sin\Gamma + 0.000719\cos2\Gamma + 0.000077\sin2\Gamma \tag{6-9}$$

$$\Gamma = \frac{2\pi(d_n - 1)}{365} \tag{6-10}$$

式中 d_n——一年的儒略日。

(2) 太阳辐射的方位角和日照时长。地球自转导致了太阳辐射的日变化，太阳辐射的季节变化受方位角控制，方位角 δ 的计算式为

$$\delta = 0.006918 - 0.399912\cos\Gamma + 0.07257\sin\Gamma - 0.006758\cos2\Gamma + 0.000907\sin2\Gamma - 0.002697\cos3\Gamma + 0.00148\sin3\Gamma \tag{6-11}$$

日照时长 N_d 随着方位角变化，给定纬度（北半球为正数）的日照时长计算公式为

$$N_d = \frac{24}{\pi}\omega_{sr} \tag{6-12}$$

其中

$$\omega_{sr} = \arccos(-\tan\varphi\tan\delta) \tag{6-13}$$

式中 φ——纬度；

ω_{sr}——日出角度。

(3) 地外辐射。大气层外的地外辐射强度随入射角变化，强度最高的是天顶，最低的是日出和日落，一天内地外辐射强度的计算公式为

$$H_0 = \frac{24}{\pi}q_{sc}E_0\cos\varphi\cos\delta(\sin\omega_{sr} - \omega_{sr}\cos\omega_{sr}) \tag{6-14}$$

式中 q_{sc}——太阳常数。

(4) 云层作用下的太阳辐射。云层作用下太阳辐射 H 的计算公式为

$$\frac{H}{H_0} = a_2 + b_2\frac{n}{N_d} \tag{6-15}$$

式中 n——日照时数；

a_2、b_2——用户指定的常数，默认值分别为 0.295、0.371；

$\frac{n}{N_d}$——用户定义的清洁系数，100%为晴空，0%为阴天。

每小时平均短波辐射 q_s 的计算式为

$$q_s = \left(\frac{H}{H_0}\right)q_0(a_3 + b_3\cos\omega_i) \tag{6-16}$$

其中

$$a_3 = 0.4090 + 0.5016\sin\left(\omega_{sr} - \frac{\pi}{3}\right) \tag{6-17}$$

$$b_3 = 0.6609 + 0.4767\sin\left(\omega_{sr} - \frac{\pi}{3}\right) \tag{6-18}$$

$$q_0 = q_{se}E_0\left(\sin\varphi\sin\delta + \frac{24}{\pi}\cos\varphi\cos\delta\cos\omega_i\right) \tag{6-19}$$

$$\omega_i = \frac{\pi}{12}\left[12 + \text{夏令时调整值} - \frac{E_t}{60} + \frac{4}{60}(L_S - L_E) - \text{当地时间}\right] \tag{6-20}$$

式中 L_S、L_E——不同时区的标准经度和当地经度；

E_t——时间方程。

时间方程 E_t 计算式为

$$E_t = (0.000075 + 0.001868\cos\Gamma - 0.032077\sin\Gamma - 0.014615\cos2\Gamma - 0.04089\sin2\Gamma) \times 229.18 \tag{6-21}$$

（5）水体反射率。照射到水面的太阳辐射一部分被反射，另一部分穿透水面被吸收。太阳辐射的反射系数 α 与入射角 i 和折射角 r 有关，计算式为

$$\alpha = \frac{1}{2}\left[\frac{\sin^2(i-r)}{\sin^2(i+r)} + \frac{\tan^2(i-r)}{\tan^2(i+r)}\right] \tag{6-22}$$

反射系数 α 变化幅度通常为 5%～40%。

净短波辐射 $q_{s,net}$（单位为 W/m^2）的计算式为

$$q_{s,net} = (1-\alpha)q_s\frac{10^6}{3600} \tag{6-23}$$

太阳短波辐射透射至水体内部的部分，随水深增加呈指数衰减，其衰减过程遵循比尔（Beer）定律，其计算式为

$$I(d) = (1-\beta)I_0e^{-\lambda d} \tag{6-24}$$

式中　$I(d)$——水深 d 处水体吸收的太阳短波辐射；

I_0——水体表面的短波辐射强度；

β——表面水体吸收光能的比例系数，取值范围为 0.2～0.6；

λ——光的衰减系数，取值范围为 $0.5\sim1.4m^{-1}$。

2. 长波辐射

长波辐射又称为红外辐射，可以从大气和水面发射，水面至大气的长波辐射减去大气至水面的长波辐射称为净长波辐射，该值与云量、气温、水汽压、相对湿度等有关，净长波辐射 $q_{lr,net}$ 计算式为

$$q_{lr,net} = \sigma_{sb}T_{air}^4(0.56 - 0.077\sqrt{e_d})\left(0.1 + 0.9\frac{n}{n_d}\right) \tag{6-25}$$

式中　σ_{sb}——Stefan Boltzman 常数，取值为 $5.6697\times10^{-8}W/(m^2\cdot K^4)$；

e_d——露点温度下测量的水汽压。

3. 大气和水面的热传导

大气和水面的热传导主要与风速和大气和水面的温度差有关，计算式为

$$q_c = \begin{cases}\rho_{air}C_{air}C_cW_{10m}(T_{water}-T_{air}), & T_{air}\geq T_{water}\\ \rho_{air}C_{water}C_cW_{10m}(T_{water}-T_{air}), & T_{air}<T_{water}\end{cases} \tag{6-26}$$

式中　q_c——大气和水面的热传导量，变幅通常在 0～100W/m^2；

T_{water}、T_{air}——水面温度和大气温度；

ρ_{air}——大气密度，取值 1.3kg/m^3；

C_{water}、C_{air}——水和大气的比热，分别为 4186J/(kg·℃)、1007J/(kg·K)；

C_c——热传导系数，取值 1.41×10^{-3}；

W_{10m}——水面上空 10m 处的风速。

4. 蒸发产生的热传输

蒸发产生的热传输与大气和水面温度差、风速等有关，道尔顿定律给出的蒸发损失的计算式为

$$q_v = L\,C_e(a_1 + b_1 W_{2m})(Q_{water} - Q_{air}) \tag{6-27}$$

式中　q_v——蒸发产生的热量损失量；

L——蒸发潜热系数，取值 2.5×10^6J/kg；

C_e——湿度系数，取值 1.32×10^{-3}；

W_{2m}——水面上 2m 处的风速；

Q_{water}、Q_{air}——水体表面和大气的水汽密度；

a_1、b_1——需要给定的参数。

Q_{water}、Q_{air} 不能直接测量，可以通过水汽压力计算，即

$$Q_{water} = \frac{0.2167}{T_{water}} \times 6.11e^{K\left(\frac{1}{T_k}-\frac{1}{T_{water}}\right)} \tag{6-28}$$

$$Q_{air} = \frac{0.2167}{T_{air}} \times R \times 6.11e^{K\left(\frac{1}{T_k}-\frac{1}{T_{air}}\right)} \tag{6-29}$$

式中　K——常数，取值为 5418K；

T_k——0℃温度对应 273.15K；

R——相对湿度。

6.1.1.3　水质反应方程

水质模拟是在水动力、水温模拟的基础上，模拟水体溶解氧等物质浓度的变化。本书水质模型包括水体化学过程、生物过程以及沉降等物理过程。计算式为

$$\frac{\partial C}{\partial t} + u\frac{\partial C}{\partial x} + v\frac{\partial C}{\partial y} + w\frac{\partial C}{\partial z} = D_x\frac{\partial^2 C}{\partial z^2} + D_y\frac{\partial^2 C}{\partial z^2} + D_z\frac{\partial^2 C}{\partial z^2} + P_c + S_c \tag{6-30}$$

式中　C——物质的浓度；

u、v、w——x、y、z 三个方向的流速；

D_x、D_y、D_z——x、y、z 三个方向的扩散系数；

S_c——源汇项；

P_c——生化反应项（包含影响水体物质浓度的各种生化反应过程）。

本书水质模型构建以热分层水库溶解氧演化概念模型为基础，以溶解氧为核心，考虑与溶解氧循环直接、密切相关的有机物碳循环、氮循环。由于水库磷浓度始终高于0.02mg/L，不会成为藻类生长的限制因子，因此本模型不考虑磷循环过程。根据潘家口水库生化作用的特点，选取叶绿素 a 为代表性指标，表征其碳循环过程。据此本模型模拟的主要过程包括溶解氧的循环、BOD－DO 动态过程、氮循环转化以及藻类的相关过程。

模型中溶解氧的模拟包括溶解氧的补给、消耗、缓冲等，具体有大气复氧、光合作用等补给过程，呼吸作用、有机物分解、沉积物需氧、硝化反应（还原性无机物氧化）等消耗过程，以及反硝化反应等缓冲过程等 15 个生化反应过程（图 6－1）。模型共包含溶解氧、BOD、叶绿素 a、氨氮、亚硝酸盐、硝酸盐等 6 个状态变量。

1. 溶解氧平衡

溶解氧是本次水质模拟的核心，溶解氧模拟主要考虑大气复氧、光合作用等补给过程，呼吸作用、有机物分解、硝化反应以及沉积物需氧等消耗过程，以及缺氧条件下反硝化反应对缓解过程，溶解氧模拟的主要方程式为

$$溶解氧净变化量=补给量-消耗量+缓解量 \tag{6-31}$$

具体的生化过程为

$$\begin{aligned}溶解氧净变化量=&大气复氧+光合作用-呼吸作用-硝化反应-有机物分解\\&-沉积物需氧+反硝化反应+外负荷\end{aligned} \tag{6-32}$$

（1）大气复氧。大气复氧 F_s 描述的是水体与大气氧交换过程，仅发生在水体表面，具体计算公式为

$$F_s=K_1(C_s-DO) \tag{6-33}$$

$$K_1=3.93\frac{V^{0.5}}{d^{1.5}}+\frac{0.728W_v^{0.5}-0.371W_v+0.0372W_v^2}{H}\frac{1}{S} \tag{6-34}$$

$$C_s=14.652+T[-0.41002+T(0.007991-0.000077774T)] \tag{6-35}$$

式中 K_1——大气复氧速率，与流速、风速、水深有关；

DO——水体溶解氧浓度；

W_v——风速；

d——水深；

V——流速；

S——盐度；

C_s——饱和溶解氧浓度，与温度有关。

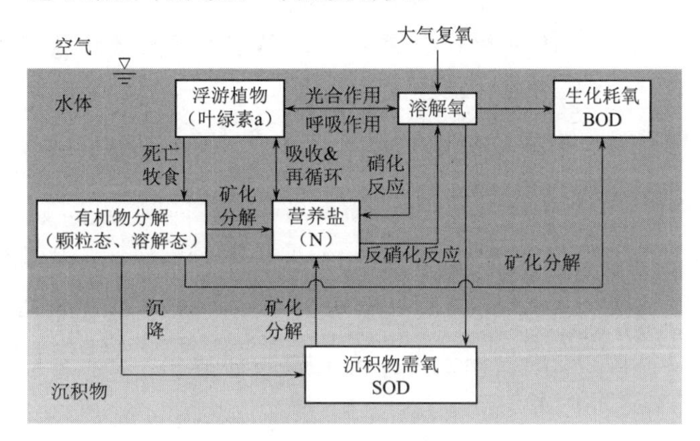

图6-1 水库水质模型主要物理、化学和生物过程

(2) 光合作用。光合作用产氧量 P，与午间最大产氧量、时间、日照长度等有关。光合作用过程与光照强度有关，主要发生在水库上层真光层，具体计算公式为

$$P=\begin{cases} P_{max}F_1(d)F(N)\cos 2\pi\left(\dfrac{\tau}{\alpha}\right)\theta_1^{(T-20)}, & \tau\in[t_{日出},t_{日落}] \\ 0, & 其他 \end{cases} \tag{6-36}$$

$$F_1(d)=e^{-\lambda d} \tag{6-37}$$

式中 P_{max}——午间最大产氧量，g/(m^2·d)；

$F_1(d)$——光消减函数，随水深变化；

$F(N)$——营养盐限制函数；

τ——计算时刻与午间的相对值；

α——日照长度；

$t_{日出}$、$t_{日落}$——日出、日落时间；

λ——光的衰减系数；

θ_1——光合作用的温度调整系数。

(3) 呼吸作用。水生生物的呼吸作用耗氧，该过程与温度有关。具体公式为

$$R = K_2 \theta_2^{(T-20)} \frac{DO}{DO + K_{S\_R}} \tag{6-38}$$

式中　K_2——20℃时水生生物的呼吸耗氧速率，g/(m² · d)；

θ_2——呼吸作用的温度调整系数；

K_{S_R}——半饱和氧浓度，mg/L。

(4) 有机物分解。有机物分解是耗氧过程，计算式为

$$S_{BOD} = K_3 BOD \theta_3^{(T-20)} \frac{DO}{DO + K} \tag{6-39}$$

式中　K_3——生化反应速率，d^{-1}；

BOD——水体 BOD 的浓度；

θ_3——温度调整系数；

K——BOD 降解半饱和氧浓度，mg/L。

(5) 硝化反应。硝化反应是氨氮氧化耗氧的过程，该过程分为两步，第一步为氨氮氧化成亚硝酸盐，第二步为亚硝酸盐氧化成硝酸盐，具体计算公式依次为

$$N_1 = Y_1 K_4 NH_3 \theta_4^{(T-20)} \frac{DO}{DO + K_{S\_N1}} \tag{6-40}$$

$$N_2 = Y_2 K_5 NO_2 \theta_5^{(T-20)} \frac{DO}{DO + K_{S\_N2}} \tag{6-41}$$

式中　Y_1、Y_2——硝化反应中消耗单位质量氨氮和亚硝酸盐的需氧量，分别为 3.42、1.14；

K_4、K_5——20℃下硝化反应的速率，d^{-1}；

NH_3——氨氮浓度；

NO_2——亚硝酸盐浓度；

K_{S_N1}、K_{S_N2}——半饱和氧浓度；

θ_4、θ_5——温度调整系数。

(6) 沉积物需氧。沉积物需氧是沉积物中有机物降解过程的需氧，与溶解

氧浓度、温度有关，即

$$S_{SOD}=Y_3\frac{DO}{DO+K_{S\_SOD}}\theta_6^{(T-20)} \tag{6-42}$$

式中 Y_3——单位面积沉积物需氧量，mg/(L·m²)；

K_{S_SOD}——SOD降解半饱和氧浓度；

θ_6——温度调整系数。

(7) 反硝化反应。反硝化反应是硝酸盐作为氧化剂氧化有机物的反应过程，为热分层水库溶解氧最主要的缓冲过程之一。已有研究表明，当水体溶解氧降低至4mg/L以下时，反硝化反应发生，据此设置反硝化反应的启动条件为溶解氧浓度低于4mg/L，具体计算公式为

$$N_1=Y_4K_6NO_3^-\theta_7^{(T-20)} \tag{6-43}$$

式中 Y_4——反硝化反应中消耗单位质量硝酸盐对氧的缓冲量，常数，取值为2.86；

K_6——20℃下反硝化反应速率，d^{-1}；

θ_7——反硝化反应的温度调整系数。

2. BOD平衡

水体中可生物降解的有机物的降解伴随着溶解氧的消耗，这个过程的需氧量（BOD）在平衡模拟中包括悬浮态BOD降解、悬浮态BOD沉降以及沉积物BOD的再悬浮等过程。BOD的降解过程伴随着溶解氧的消耗，BOD的降解量计算方法见式（6-39）。

3. 氮平衡

水体溶解氧浓度变化驱动氮的转化，氮在水体中存在的主要形式有氨氮、硝酸盐、亚硝酸等无机氮以及有机氮化合物，它们之间可以互相转化。

(1) 氨氮转化过程。氨氮的平衡包括BOD降解产生量、硝化反应消耗、植物吸收、沉积物降解产生量等过程，计算式为

$$\begin{aligned}\text{氨氮净变化量}&=\text{BOD降解产生量}-\text{硝化反应消耗量}\\&\quad-\text{植物吸收量}+\text{沉积物降解产生量}\end{aligned} \tag{6-44}$$

其中

$$\text{BOD降解产生量}=Y_1S_{BOD} \tag{6-45}$$

$$\text{硝化反应消耗量}=K_4NH_3\theta_4^{(T-20)}\frac{DO}{DO+K_{S\_N1}} \tag{6-46}$$

$$植物吸收量 = UP_p(P-R)F(N) \tag{6-47}$$

$$沉积物降解产生量 = Y_1 S_{SOD} \tag{6-48}$$

式中 Y_1——有机物中氮的含量；

UP_p——植物吸收的氨氮量，mg N/mg O_2。

（2）亚硝酸盐转化过程。亚硝酸盐不稳定，是氮循环的中间产物，其平衡过程主要为氨氮转化产生量和转化成硝酸盐的消耗量，前者计算式为

$$\frac{dNO_2^-}{dt} = K_4 NH_3 \theta_4^{(T-20)} \frac{DO}{DO+K_{S_{N1}}} - K_5 NO_2 \theta_5^{(T-20)} \frac{DO}{DO+K_{S\_N2}} \tag{6-49}$$

（3）硝酸盐转化过程。硝酸盐的平衡包括亚硝酸盐转换成硝酸盐的产生量，以及反硝化反应的消耗量，反硝化过程在溶解氧低于4mg/L的条件下发生，计算式为

$$\frac{dNO_3^-}{dt} = K_5 NO_2 \theta_5^{(T-20)} \frac{DO}{DO+K_{S_{N2}}} - K_6 NO_3^- \theta_7^{(T-20)} \tag{6-50}$$

4. 叶绿素a平衡

模型中用叶绿素a表征浮游植物的量，水体中叶绿素a浓度变化受到浮游植物产生、呼吸、死亡和沉降等过程影响，这些过程伴随溶解氧浓度的变化。

浮游植物沉降与水体密度、流速、湍流强度等密切相关，潘家口水库的热分层对水体的垂向密度分布产生影响[式（2-3）]，水体密度影响浮游植物的垂向沉降速度[式（2-13）]，因此水库垂向热分层对浮游植物的沉降产生显著影响。因而本次模拟中叶绿素a的沉降过程考虑热分层对浮游植物沉降的影响，依据理论分析和潘家口实测水质分析，具体公式为

$$叶绿素a净变化量 = 产生量 - 呼吸消耗量 - 死亡量 - 沉降量 \tag{6-51}$$

$$产生量 = PK_{11}K_{10}F(N) \tag{6-52}$$

$$呼吸消耗量 = RK_{11}K_{10} \tag{6-53}$$

$$死亡量 = K_8 CHL \tag{6-54}$$

$$沉降量 = \frac{K_9}{d} CHL Y_5 \tag{6-55}$$

式中 K_{10}——叶绿素a与碳的质量比；

K_{11}——初级生产中碳氧质量比；

K_8 ——叶绿素 a 的死亡速度，d^{-1}；

K_9 ——叶绿素 a 的沉降速度，m/d；

Y_5 ——叶绿素 a 沉降速度调整系数。

叶绿素 a 沉降速率调整系数由垂向温度梯度 dT 计算得到，$dT<0.1$ 时取值为 1，$dT>0.1$ 时取值为 $10 \cdot dT$。

6.1.2 水库溶解氧数值模型的建立

6.1.2.1 模型求解方法

基于上述控制方程，本书借助 MIKE 3 的水动力、水温和 ECOlab 模块，实现模型的数值计算和求解。模型采用有限差分格式离散上述基本控制方程，采用交替方向隐式替代法（ADI 方法）求解，即先逐行（或列）进行扫描，再逐列（或行）进行扫描，两次扫描组成一轮迭代，其中每行（或列）代数方程组的求解采用三对角矩阵计算式（TMDA 方法）直接求解。

6.1.2.2 水库地形和网格剖分

水库地形源自实测数据，范围从坝前到上游 64km 区段，本次模型构建选取距离坝前 64km 断面作为入流断面，坝前最低高程 153.00m。模型采用三维矩形网格，计算网格尺寸为 100m（纵向）×100m（横向）×2m（垂向），计算时间步长 60s。潘家口水库地形数据如图 6-2 所示。

6.1.2.3 模型边界条件

根据本书热分层水库溶解氧演化概念模型，本次数值模型中水库的水-气边界设置为开放边界，存在热量交换及大气复氧等物质交换；沉积物-水界面设置为绝热边界，考虑沉积物耗氧过程以及还原性氨氮的释放过程等物质交换。模型上边界采用水位边界，下边界为大坝固壁边界。水库常规供水从大坝常规机组出流，机组的进水口底板高程为 166.00m。抽水蓄能通过大坝抽水蓄能机组抽蓄水，抽水蓄能机组的进出水口底板高程为 170.00m。

本模型上游边界条件为水位、水温、水质过程，下游边界条件为水库实际调度流量，模型的边界条件均根据 2017 年、2018 年实测数据给定。2017 年、2018 年模型上边界日水位数据分别如图 6-3、图 6-4 所示。

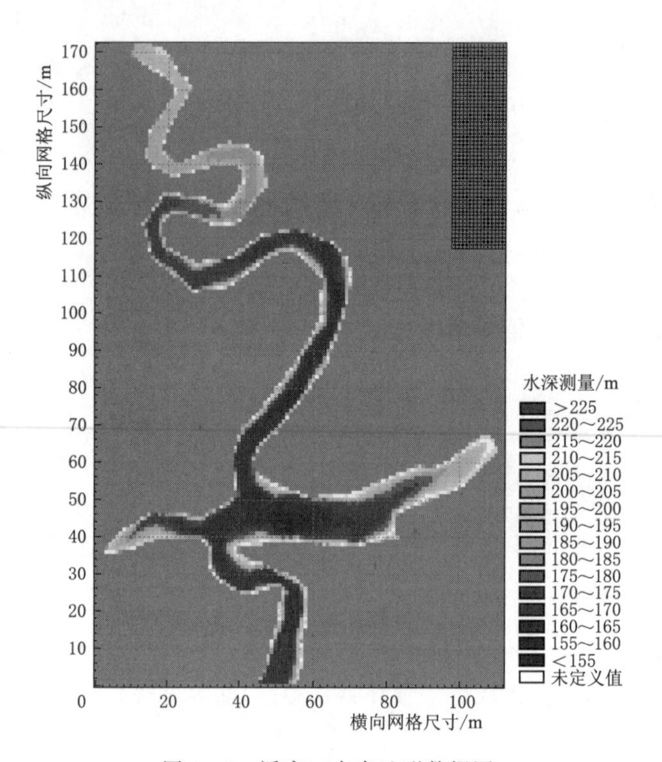

图6-2 潘家口水库地形数据图

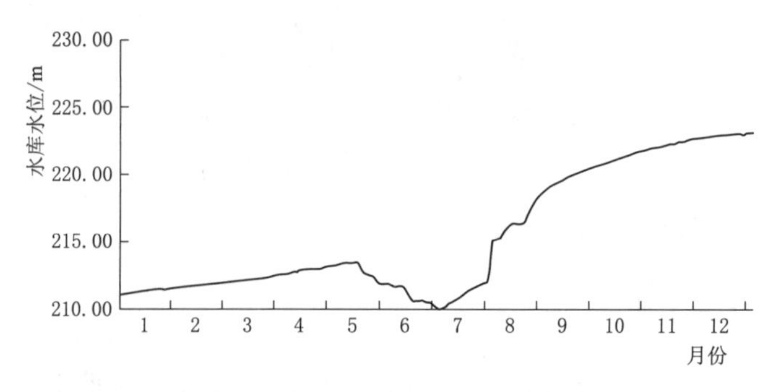

图6-3 2017年模型上边界日水位数据

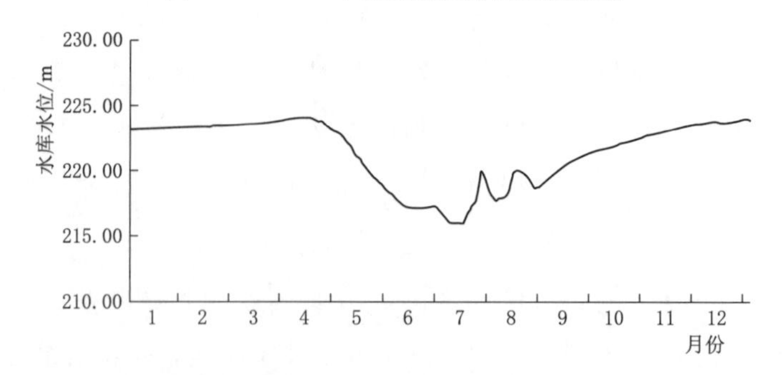

图6-4 2018年模型上边界日水位数据

水库来水水温、溶解氧、BOD、氨氮、硝酸盐、亚硝酸盐、叶绿素a等数据根据上游乌龙矶断面实测数据给定，该数据为月均过程，其中BOD常年低于检出限，亚硝酸盐浓度常年低于0.05mg/L，叶绿素a浓度低于3μg/L。2017—2018年潘家口水库实测入库水温、溶解氧浓度、氨氮浓度及硝酸盐浓度分别如图6-5～图6-8所示。

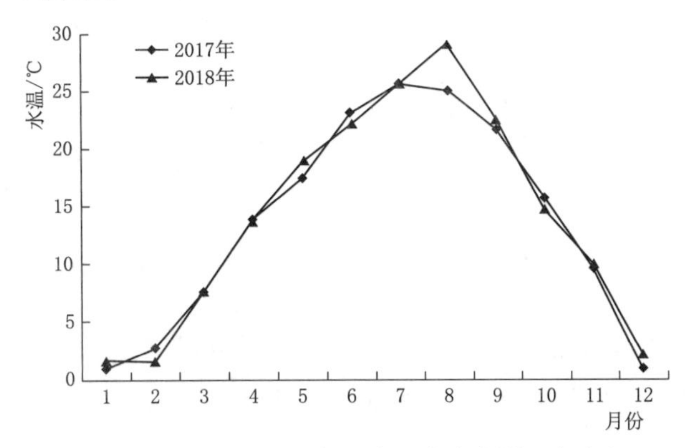

图6-5　2017—2018年潘家口水库实测入库水温

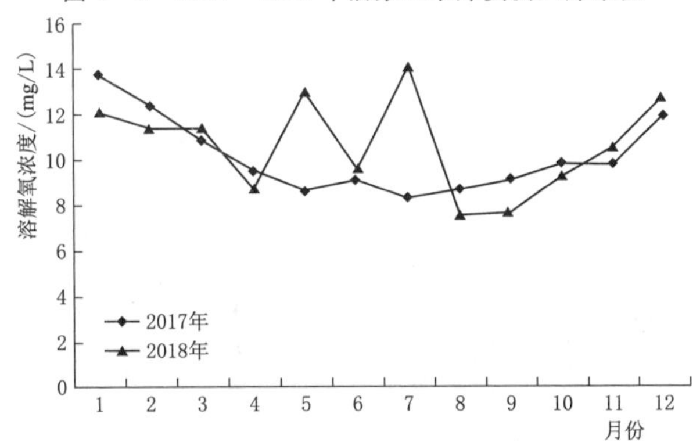

图6-6　2017—2018年潘家口水库实测入库溶解氧浓度

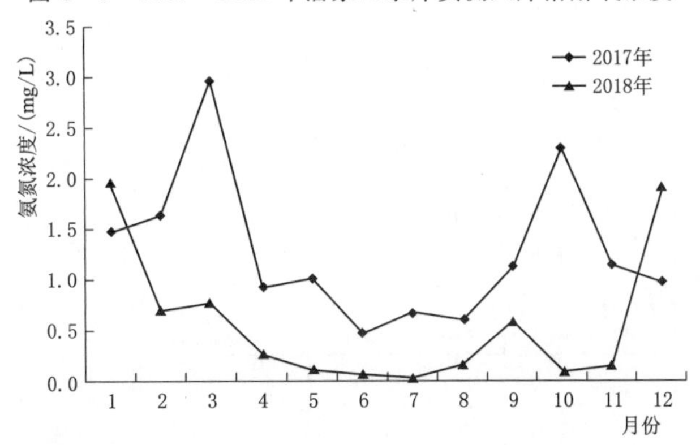

图6-7　2017—2018年潘家口水库实测入库氨氮浓度

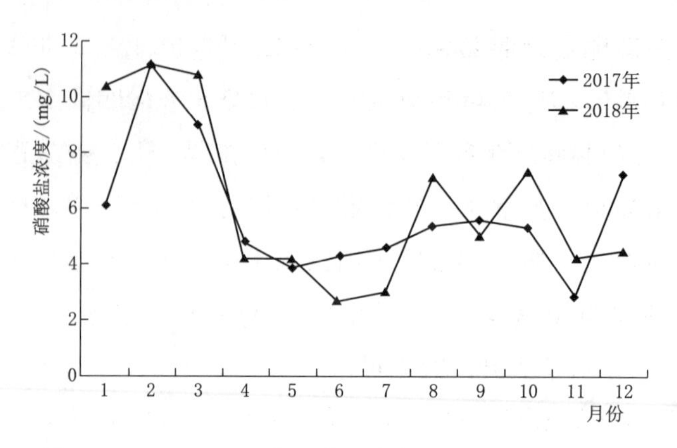

图 6-8　2017—2018 年潘家口水库实测入库硝酸盐浓度

模型计算中包含气温、湿度等气象条件，该边界条件根据潘家口水库气象站实测数据给定，具体如图 6-9～图 6-12 所示。

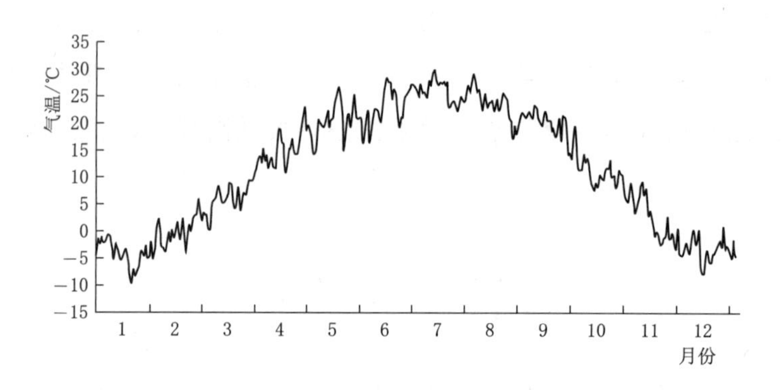

图 6-9　2017 年潘家口水库气温日过程

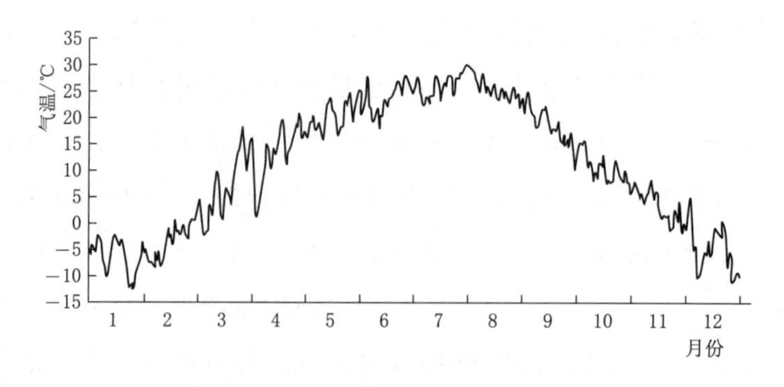

图 6-10　2018 年潘家口水库气温日过程

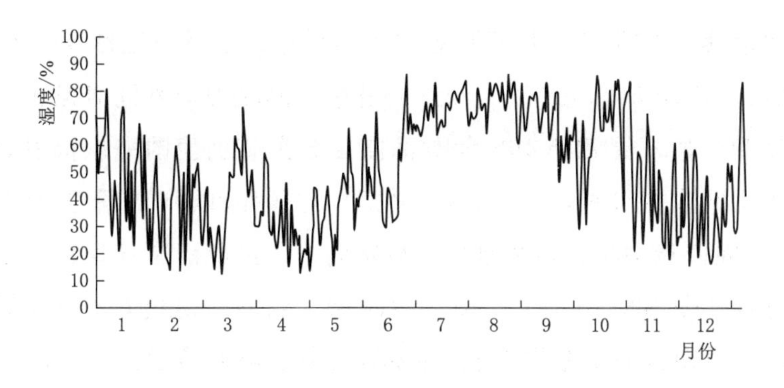

图 6-11 2017 年潘家口水库湿度日过程

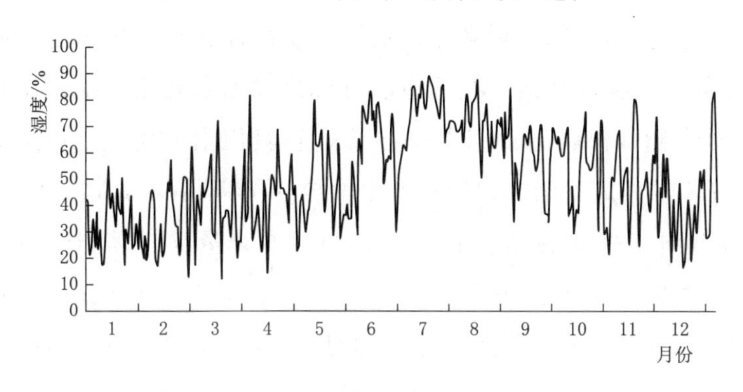

图 6-12 2018 年潘家口水库湿度日过程

6.2 水库三维水动力-水质数学模型的率定验证

模型采用 2018 年的实测垂向水温、溶解氧等数据对各参数进行校核，然后采用 2017 年的实测水温、溶解氧等数据对结果进行验证。

6.2.1 水动力、水温模拟相关参数率定与验证

本次三维水动力-水温数学模型涉及到的参数主要有纵向 Smagorinsky 常数 C_{sm}、温度的垂向扩散系数和纵向扩散系数、蒸发参数 a_1 和 b_1、太阳辐射参数 a_2 和 b_2、表面水体吸收光能比例 β、光衰减系数 λ。

经过参数敏感性分析发现，蒸发参数 a_1 和 b_1、太阳辐射参数 a_2 和 b_2 等参数不敏感，因此取值为模型的默认值，分别为 0.5、0.9、0.295、0.371。表面水体吸收光能比例 β、光衰减系数 λ 对库表水温有一定影响，本次取值为 0.6、

0.5。垂向扩散系数、纵向扩散系数对水库垂向热传递有一定影响，本次分别取值为 2、0.5。

在所有参数中，对潘家口水库热分层结构影响最大的是纵向 Smagorinsky 常数 C_{sm}，该常数与平面紊动黏性系数相关，反映水流平面混合特性，模型中该参数的默认取值为 0.4。参考国内相关深水水库水温模拟的经验，国内相关水库紊动黏性系数的取值可达到 230m^2/s，结合潘家口水库实测水文数据换算，对应 C_{sm} 约为 10，本次模拟 C_{sm} 取值为 10 时水温模拟值与实测值也最接近，因此本次模拟 C_{sm} 取值为 10。

模型采用 2018 年实测数据进行水动力、水温模拟中参数的率定，以水库坝前断面为例，给出典型月份潘家口水库水温率定结果。模型使用 2017 年实测水温数据进行验证，以水库坝前断面为例，给出典型月份潘家口水库水温验证结果。率定验证结果表明校核过的潘家口三维水动力-水质数学模型能够良好再现潘家口水库真实热分层的结构和变化过程（图 6-13）。

6.2.2 水质模拟相关参数的率定与验证

本次水质模拟共包括大气复氧、光合作用、呼吸作用、沉积物需氧、硝化反应、反硝化反应等 15 个反应过程的 26 个反应参数。水质模拟参数见表 6-1。

采用 2018 年潘家口水库实测数据进行模型率定，以水库坝前断面为例给出典型月份潘家口水库水质的率定结果。模型使用 2017 年实测水质数据进行验证，

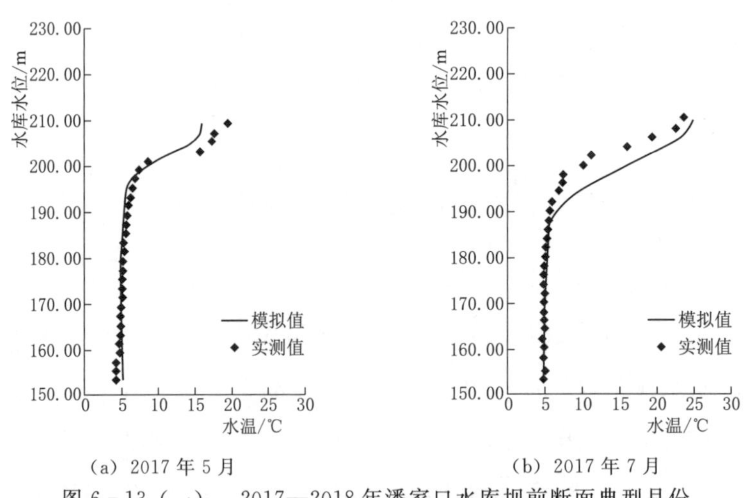

(a) 2017 年 5 月　　(b) 2017 年 7 月

图 6-13（一）　2017—2018 年潘家口水库坝前断面典型月份水温实测值和模拟值对比

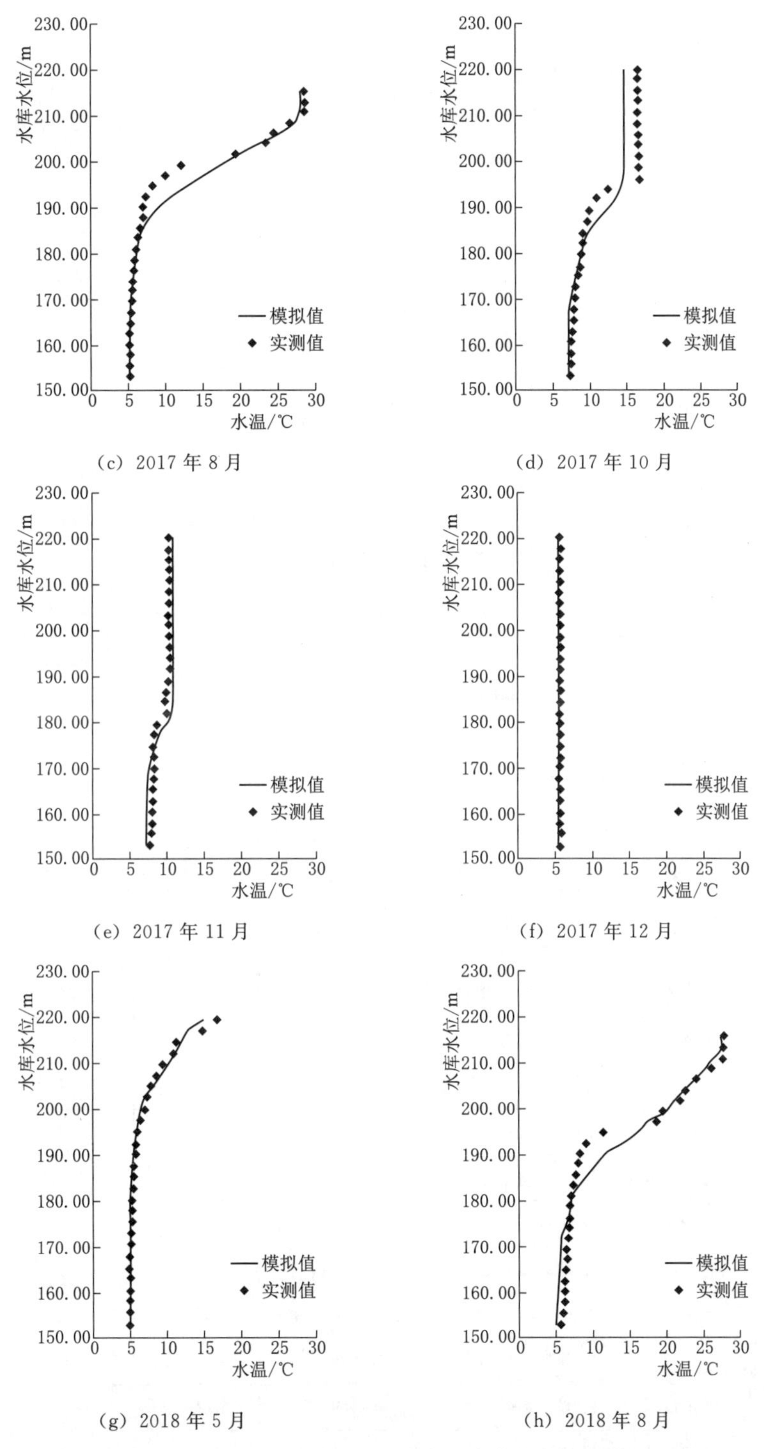

(c) 2017 年 8 月

(d) 2017 年 10 月

(e) 2017 年 11 月

(f) 2017 年 12 月

(g) 2018 年 5 月

(h) 2018 年 8 月

图 6-13（二） 2017—2018 年潘家口水库坝前断面典型月份水温实测值和模拟值对比

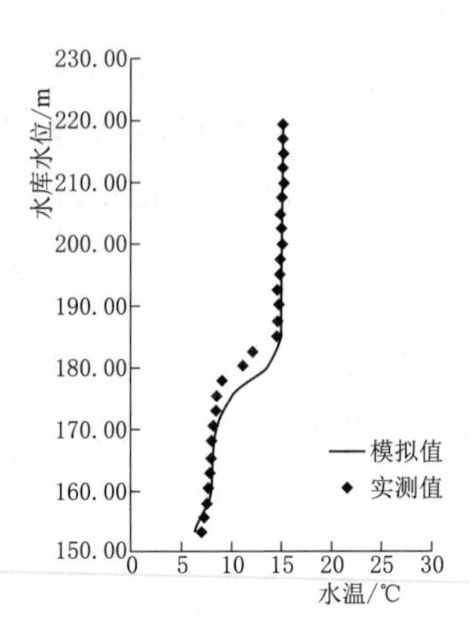

(i) 2018 年 11 月

图 6-13（三） 2017—2018 年潘家口水库坝前断面典型月份水温实测值和模拟值对比

表 6-1 水质模拟参数一览表

序号	水质模拟参数	对应表达	取值范围	取值
1	BOD 平衡：20℃时有机物衰减速率	K_3	0～5	0.5
2	BOD 平衡：20℃时浮游植物碎屑衰减速率	K_7	0～5	0.5
3	BOD 平衡：温度调整系数	θ_3	1～1.2	1.2
4	BOD 平衡：半饱和浓度	K_{S_BOD}	0～20	2.0
5	光合作用：透明度盘深度	SD	0～50	0.4
6	光合作用：午间最大产氧量	P_{max}	0～40	12
7	光合作用：中午时间校正	τ	−3～3	0.0
8	呼吸作用：20℃时呼吸作用耗氧速率	K_2	0～30	0.3
9	呼吸作用：温度调整系数	θ_2	1～1.2	1.1
10	呼吸作用：半饱和浓度	K_{S_R}	0～4	2.0
11	沉积物需氧：20℃时沉积物耗氧率	Y_3	0～30	0.8
12	沉积物需氧：温度调整系数	θ_6	1～1.2	1.07
13	沉积物需氧：半饱和浓度	K_{S_SOD}	0～4	2.0
14	硝化反应：20℃时衰减系数（氨氮至亚硝酸盐）	K_4	0～10	0.05
15	硝化反应：20℃时衰减系数（亚硝酸盐至硝酸盐）	K_5	0～2	1.0
16	硝化反应：温度调整系数（氨氮至亚硝酸盐）	θ_4	1～1.2	1.088
17	硝化反应：温度调整系数（亚硝酸盐至硝酸盐）	θ_5	1～1.2	1.088
18	硝化反应：半饱和浓度	K_{S_N}	0～20	2.0
19	BOD 降解产生氨氮：BOD 衰减的氨氮释放率	Y_1	0～2	0.3

续表

序号	水质模拟参数	对应表达	取值范围	取值
20	植物吸收氨氮：植物吸收的氨氮量	UP_p	0～0.2	0.066
21	反硝化反应：20℃时衰减系数	K_6	0～10	0.1
22	反硝化反应：温度系数	θ_7	1～1.4	1.160
23	叶绿素a平衡：叶绿素a的含碳率	K_{10}	0.01～0.04	0.04
24	叶绿素a平衡：初级生产的碳氧比	K_{11}	0.2～0.4	0.3
25	叶绿素a平衡：叶绿素a的死亡率	K_8	0～0.1	0.1
26	叶绿素a平衡：叶绿素a的沉降率	K_9	0～2	0.2

以水库坝前断面为例给出典型月份潘家口水库水质的验证结果。8月水库稳定热分层期间温跃层溶解氧浓度相差较大，整个热分层期间模拟的滞温层溶解氧浓度过程与实测浓度差较小（图6-14）。8月、11月叶绿素a、氨氮、硝酸盐滞温层模拟浓度与实测浓度相差较小，表层和温跃层存在一定的浓度差（图6-15～图6-17）。结果表明校核过的潘家口三维水动力-水质数学模型能够良好再现潘家口水库滞温层真实溶解氧的结构和变化过程。

经过文献调研，对比相关计算模型（考虑溶解氧平衡、氮平衡及浮游植物平衡模拟）的相关研究，本书构建模型有如下改进：

（1）溶解氧的平衡中考虑其他氧化物的缓冲作用，较好地模拟了潘家口水库滞温层溶解氧的变化。调研的相关文献模型模拟中，溶解氧的平衡模拟仅考

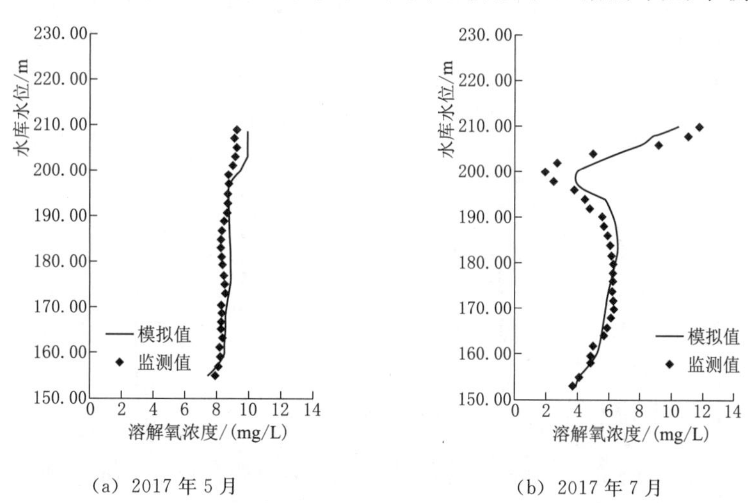

(a) 2017年5月　　(b) 2017年7月

图6-14（一）　2017—2018年潘家口水库坝前断面典型月份溶解氧浓度实测值和模拟值对比

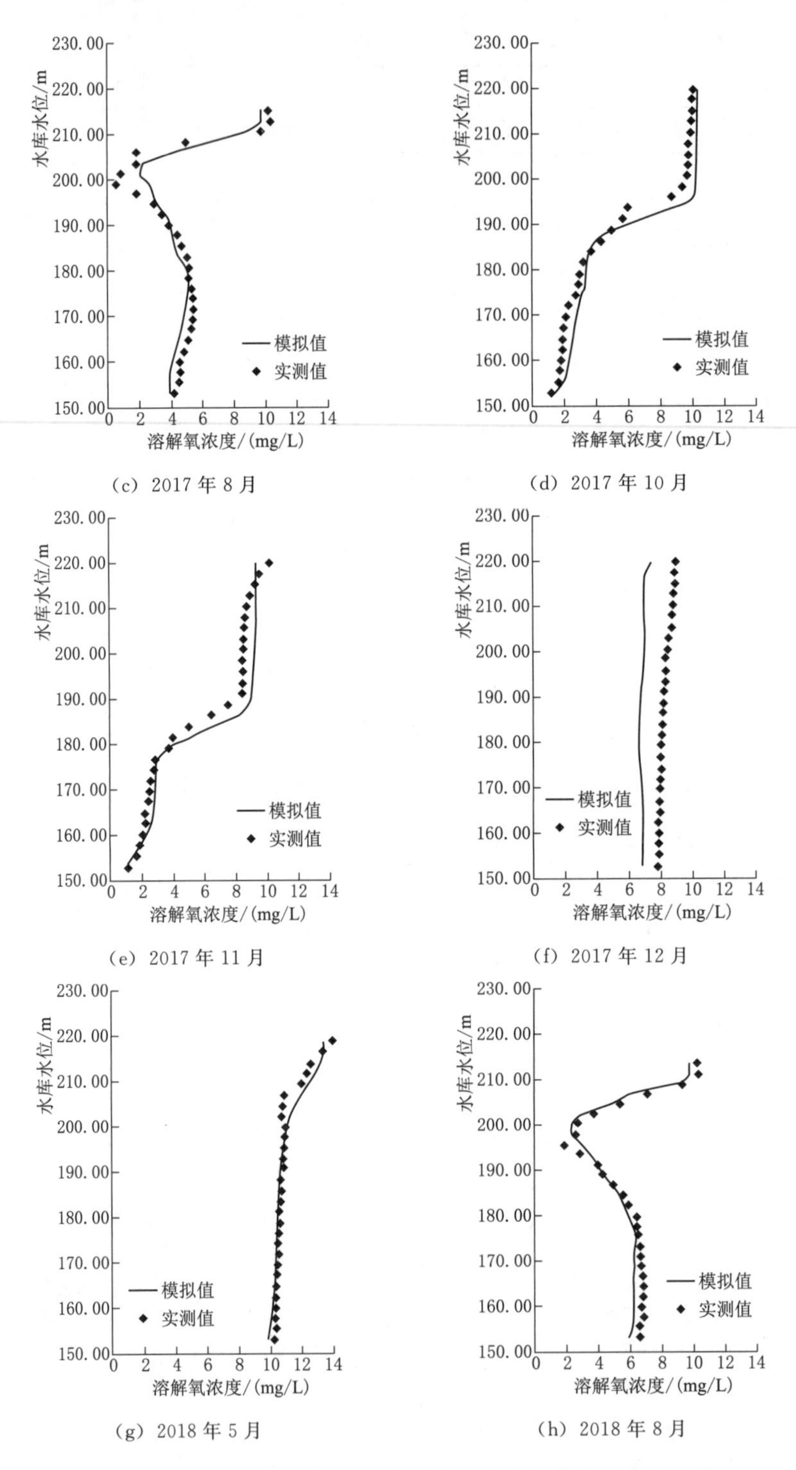

(c) 2017年8月

(d) 2017年10月

(e) 2017年11月

(f) 2017年12月

(g) 2018年5月

(h) 2018年8月

图6-14(二) 2017—2018年潘家口水库坝前断面典型月份溶解氧浓度实测值和模拟值对比

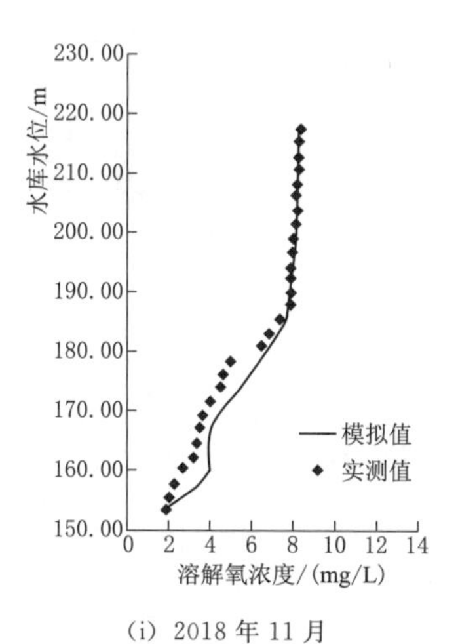

(i) 2018 年 11 月

图 6-14（三） 2017—2018 年潘家口水库坝前断面典型月份溶解氧浓度实测值和模拟值对比

虑补给和消耗作用，没有考虑相关氧化物的缓冲作用。模型中考虑了反硝化作用对溶解氧的缓冲作用，参数沉积物耗氧率取值从 0.3 增加至 0.8，沉积物耗氧速率与潘家口水库沉积物重度污染的特征相符。

（2）本模型根据沉降公式，在叶绿素 a 沉降中考虑垂向水体温度、密度变化的影响，较好地模拟了温跃层的耗氧过程。调研的相关模型中有机颗粒垂向匀速沉降，本书考虑了温跃层的温度梯度对有机颗粒的阻隔作用，建立了叶绿素 a 沉降速度与水体温度变化的关系，据此能够很好地模拟叶绿素 a 和溶解氧

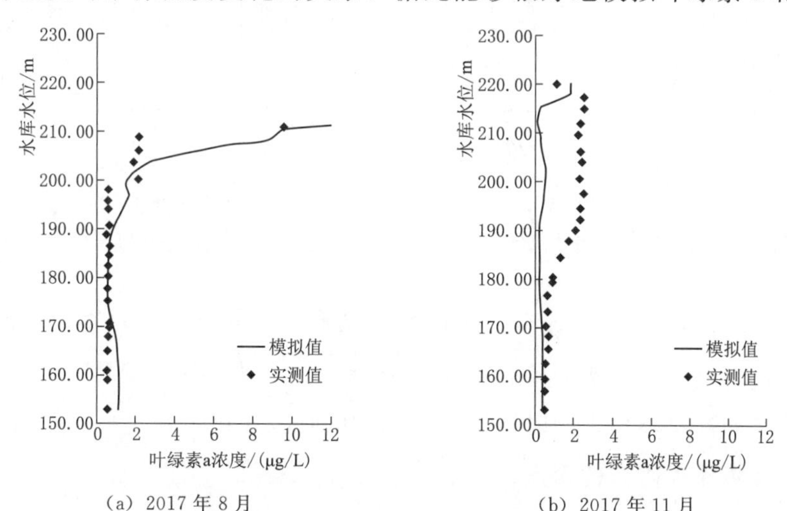

图 6-15（一） 2017—2018 年潘家口水库坝前断面典型月份叶绿素 a 浓度实测值和模拟值对比

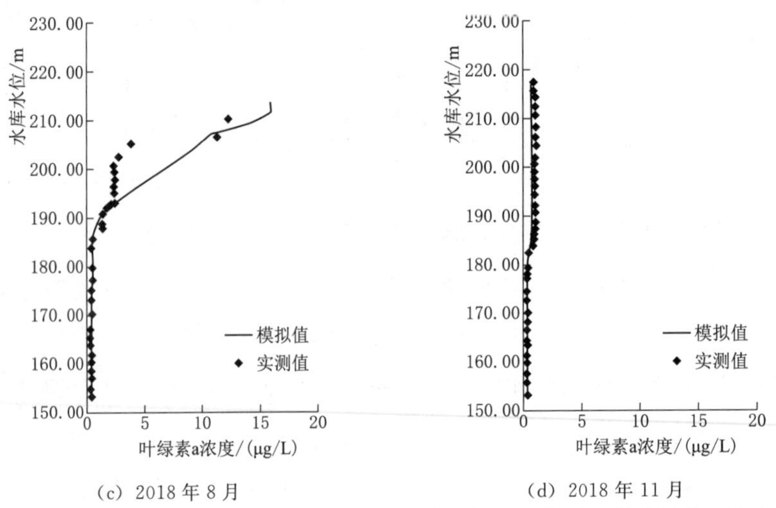

(c) 2018年8月 (d) 2018年11月

图6-15(二) 2017—2018年潘家口水库坝前断面典型月份叶绿素a浓度实测值和模拟值对比

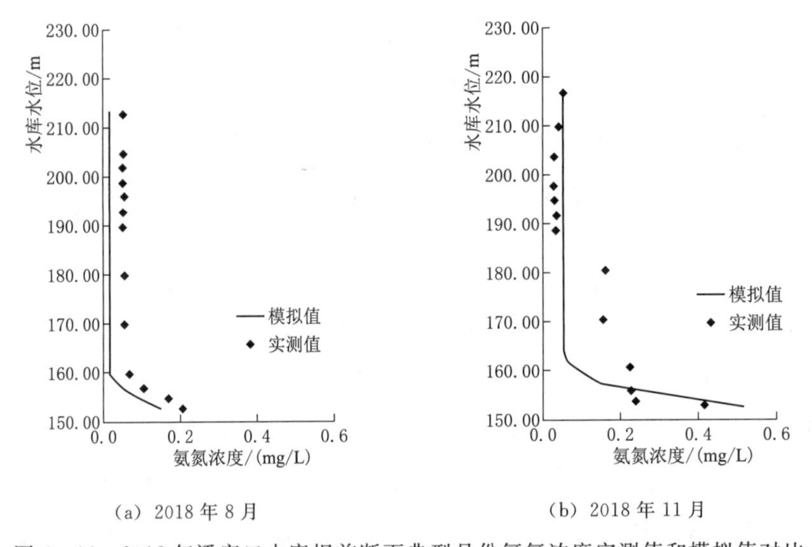

(a) 2018年8月 (b) 2018年11月

图6-16 2018年潘家口水库坝前断面典型月份氨氮浓度实测值和模拟值对比

的垂向浓度变化，特别是7—8月温跃层温度梯度大的时段叶绿素a和溶解氧浓度急剧降低的过程。温跃层的耗氧机制复杂，下一步还需深入研究藻类等浮游植物在该层的耗氧机理，同时该层浮游动物的呼吸作用也是主要耗氧作用之一，这也是下一步深入研究的重点。

(3) 本模型水质参数26个，数量较少，有效降低了模型模拟的复杂程度。调研的相关研究中模拟参数均在40个以上，除包含BOD-DO平衡、氮循环转

化、藻类的相关过程外，还包括总大肠菌群的相关过程，本书基于热分层水库溶解氧演化的概念模型，考虑与溶解氧循环密切相关的 BOD - DO 平衡、氮循环转化、藻类的主要过程，模拟参数大幅度减少，能很好地模拟热分层水库溶解氧的变化。

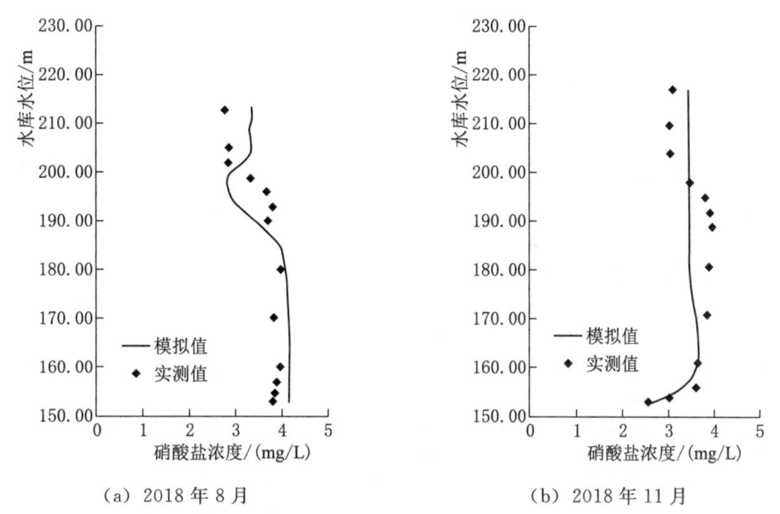

(a) 2018 年 8 月　　(b) 2018 年 11 月

图 6 - 17　2018 年潘家口水库坝前断面典型月份硝酸盐浓度实测值和模拟值对比

6.3 小　　结

本章基于热分层水库溶解氧演化概念模型及潘家口水库溶解氧演化规律的分析，构建了潘家口水库三维水动力-水质数学模型，对溶解氧演化过程进行了较为准确的数值模拟，并初步分析库区典型物质的年内变化。具体如下：

(1) 本书构建了潘家口水库三维水动力-水质数学模型，模型模拟了水库水动力、热分层及水质过程。水质过程以热分层水库溶解氧演化概念模型为基础，以溶解氧为核心，充分考虑溶解的补给、消耗、缓冲等 15 个生化反应过程，包含 BOD-DO 动态过程、氮循环转化以及藻类的相关过程，并借助 MIKE 3 软件实现数值计算和求解。

(2) 本书采用 2018 年的实测垂向水温、溶解氧等系列数据对模型各参数进行校核，采用 2017 年的实测水温、溶解氧等数据对结果进行验证。结果表明，校核过的潘家口三维水动力-水质数学模型模拟精度较高，能够良好再现潘家口水库真实水温、溶解氧的结构和变化过程。

第7章　潘家口水库滞温层溶解氧改善对策研究

潘家口水库滞温层溶解氧浓度控制着水库氮、磷等内源污染的释放量，对水库水质产生影响，改善滞温层缺氧是保障水库水质的关键。潘家口水库实际管理中，水库调度运行、硝酸盐等缓冲物质浓度等是溶解氧演化的关键控制条件。

本章结合水库实际管理状况，设计不同水位、调度运行方式及硝酸盐浓度情景，应用上一章节构建的潘家口水库三维水动力-水质数学模型，模拟不同工况下潘家口水库溶解氧的变化，重点分析水库滞温层溶解氧的变化。结合近年来潘家口水库调度的实际情况和流域治污状况，提出潘家口水库改善滞温层溶解氧的对策建议。

7.1　潘家口水库溶解氧演化模拟工况设计

潘家口水库库容较大，调节性能较好，水体停留时间长，入库径流水量相对较小，且水温较高，入库后水体沿库表流动，形成表面流，对水体垂向扰动有限，对滞温层溶解氧的影响较小。潘家口水库的水动力、热分层等过程主要受调度影响，水库的下泄水量增加以及抽水蓄能的运行能够有效增强水体垂向扰动，从而有效抑制滞温层底部的缺氧。

水库调度运行、水库硝酸盐浓度等是潘家口水库溶解氧演化的关键控制条件。因此，本书主要探讨调度运行方式、硝酸盐浓度等条件变化对潘家口水库滞温层溶解氧演化的影响，并设置相应的模拟工况。

根据水库2005—2018年实际运行调度资料，水库运行水位变化较大，年均水位变幅为199.00～222.00m，据此本次模拟水位条件设置高、低水位两种情景。潘家口水库库容较大，调节性能较好，防洪压力小，水库常规调度主要为

供水调度，各年供水下泄水量差距较大，结合水库实际下泄过程，本书常规调度设置小水量下泄和大水量下泄两种情景。

本书以 2017 年为基准，设置各种情景。2017 年水库高水位运行，年均水位 216.00m，且全年常规下泄水量小，仅为 3.2 亿 m^3，因此将 2017 年设置为高水位、小水量下泄情景的代表年。根据 2005—2018 年水库实际调度运行资料，以 2017 年对比，选择 2018 年为高水位、大水量下泄情景的代表年，2018 年的水库年均水位为 222.00m，常规下泄水量为 13.1 亿 m^3；2005 年为低水位、小水量下泄情景的代表年，2005 年的水库年均水位为 199.00m，常规下泄水量为 3.6 亿 m^3。水位和常规下泄水量设置情景对应年份信息见表 7-1。

表 7-1　水位和常规下泄水量设置情景对应年份信息

代表年份	水　位	常规下泄水量	年均水位/m	下泄水量/亿 m^3
2018 年	高	大水量	222.00	13.1
2017 年	高	小水量	216.00	3.2
2005 年	低	小水量	199.00	3.6

2017 年、2018 年的水库运行水位和出库流量过程见 5.3 节，2005 年水库运行水位和常规调度下泄流量过程如图 7-1、图 7-2 所示，抽水蓄能调度和水库的来水水质等根据 2017 年数据给定。

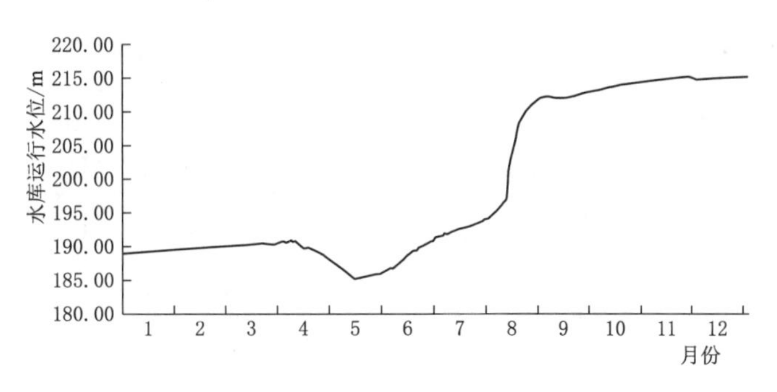

图 7-1　2005 年水库运行水位过程

潘家口水库调度分为常规调度和抽水蓄能调度，其中抽水蓄能调度高频率、常年运行，为了分析抽水蓄能调度对水库滞温层溶解氧的影响，本书以 2017 年为代表年，分析该年份无抽水蓄能情景下滞温层溶解氧的变化。2017 年水库年抽蓄水量 11.27 亿 m^3，无抽水蓄能情景下水库运行水位、常规下泄水量保持不变，仅关闭水库抽蓄水量交换。

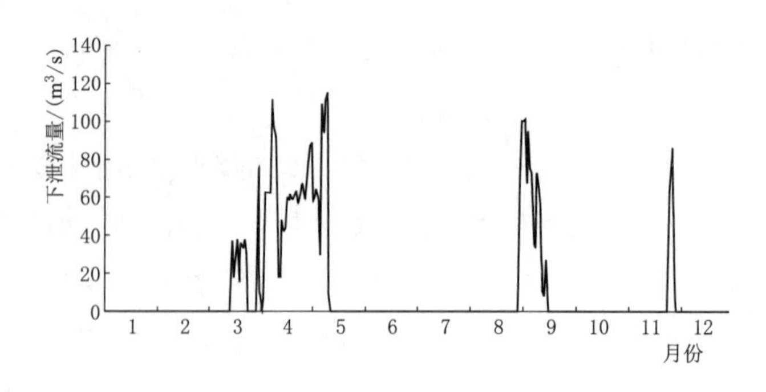

图7-2 2005年水库下泄流量过程

根据对潘家口水库水质监测资料的分析，硝酸盐在本水库溶解氧演化中起着重要的缓冲作用，据此本书讨论硝酸盐等缓冲物质在溶解氧演化过程中发挥的缓冲作用大小。本次模拟中考虑硝酸盐现状浓度以及流域治污、未来水库TN达标的要求，硝酸盐浓度设置现状、达标两种情景。现状情景以2017年为代表年，硝酸盐浓度根据实测给定；达标情景考虑水库TN达标（TN浓度<1mg/L）的要求，根据现状水质监测的结果，来水和库区硝酸盐占TN的60%左右，据此设置计算的边界条件，将来水和库区初始的硝酸盐浓度均设置为0.6mg/L。水质达标情景水库的调度运行条件与2017年一致，仅硝酸盐等缓冲物质浓度发生变化。

综上，考虑上述各种影响因素，潘家口水库热分层期间滞温层溶解氧演化模拟的设计工况见表7-2。

表7-2 潘家口水库热分层期间滞温层溶解氧演化模拟的设计工况

工况	情景	水位	下泄水量	抽水蓄能调度	硝酸盐浓度	代表年份
1	高水位-小水量	高	小水量	有	现状	2017年
2	高水位-大水量	高	大水量	有	现状	2018年
3	低水位-小水量	低	小水量	有	现状	2005年
4	无抽水蓄能	高	小水量	无	现状	2017年
5	水质达标	高	小水量	有	达标	2017年

7.2 不同控制条件下水库滞温层溶解氧的响应分析

上述各种工况模拟的坝前断面典型月份溶解氧垂向分布如图7-3、图7-4所示，各工况5—8月滞温层溶解氧浓度相差较小，8—11月各工况出现较高浓度差。本节将分析上述各种工况滞温层溶解氧的变化特征，重点分析8月及之后滞温层溶解氧浓度的变化。

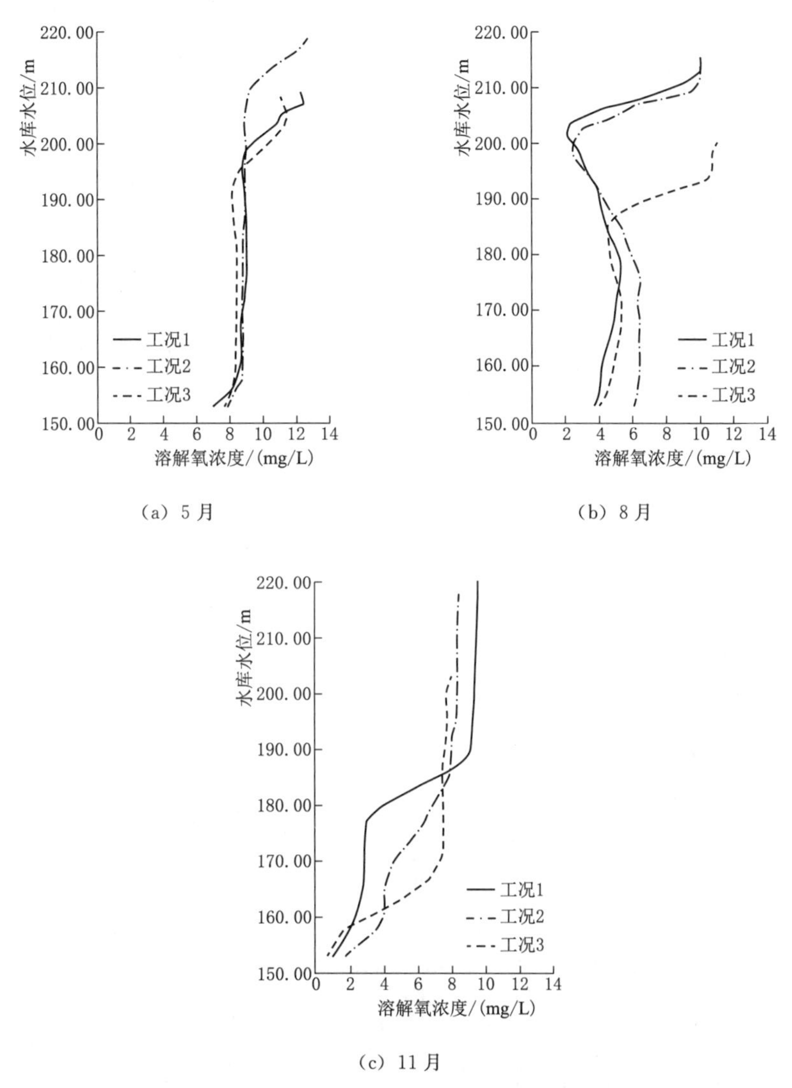

(a) 5月

(b) 8月

(c) 11月

图7-3　工况1～3典型月份溶解氧垂向分布图

水库滞温层底部溶解氧浓度控制着水库氮、磷等内源污染的释放，滞温层的缺氧程度和缺氧持续时间是水库水质健康状况的良好指标。因此，本书统计各种工况溶解氧浓度2mg/L以下（本书定义为“缺氧”）和1mg/L以下（本书定义为“严重缺氧”）两种缺氧程度的持续时间，不同工况对应滞温层底部溶解氧特征指标见表7-3。

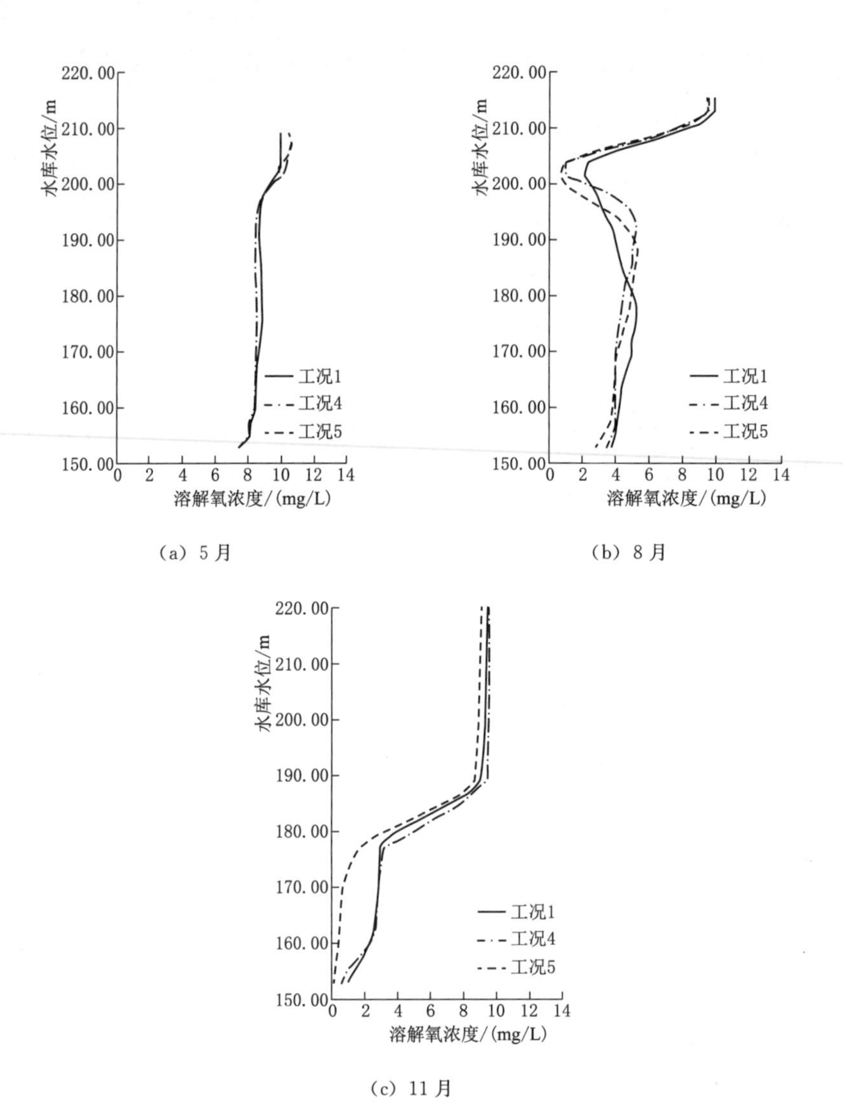

(a) 5 月

(b) 8 月

(c) 11 月

图 7-4 工况 4～5 典型月份溶解氧垂向分布图

表 7-3 不同工况对应滞温层底部溶解氧特征指标

工 况		1	2	3	4	5
情 景		高水位-小水量	高水位-大水量	低水位-小水量	无抽水蓄能	水质达标
缺氧溶解氧浓度低于 2mg/L	持续天数	68	35	63	88	112
	日期	2017 年 10 月 5 日—12 月 11 日	2018 年 11 月 3 日—12 月 7 日	2005 年 9 月 23 日—11 月 24 日	2017 年 9 月 20 日—12 月 16 日	2017 年 8 月 25 日—12 月 14 日
严重缺氧溶解氧浓度低于 1mg/L	持续天数	10	—	39	61	82
	日期	2017 年 11 月 25 日—12 月 4 日	—	2005 年 10 月 16 日—11 月 23 日	2017 年 10 月 15 日—12 月 14 日	2017 年 9 月 22 日—12 月 12 日

续表

工　况	1	2	3	4	5
情　景	高水位-小水量	高水位-大水量	低水位-小水量	无抽水蓄能	水质达标
最低溶解氧浓度/(mg/L)	0.92	1.6	0.65	0.49	0.16
最大缺氧面积/km^2	6.69	1.13	6.24	7.52	11.68
最大缺氧体积/亿 m^3	0.23	0.009	0.16	0.34	1.04

1. 工况 1 高水位-小水量情景水库滞温层溶解氧演化过程

工况 1 为潘家口水库高水位-小水量情景，以 2017 年为代表年，工况 1 典型月份溶解氧垂向分布如图 7-3 所示，热分层中后期滞温层底部溶解氧浓度变化如图 7-5 所示。热分层期间，滞温层溶解氧浓度持续缓慢下降，至 10 月 5 日溶解氧浓度低于 2mg/L，至 11 月 25 日溶解氧浓度降至 1mg/L 以下，潘家口水库滞温层缺氧和严重缺氧持续时间分别为 68 天、10 天。12 月 1 日水库滞温层缺氧最严重，滞温层底部溶解氧浓度为 0.92mg/L，水库缺氧范围 6.69km^2，对应缺氧的水量为 0.23 亿 m^3，热分层末期滞温层底部缺氧区分布如图 7-6 所示。

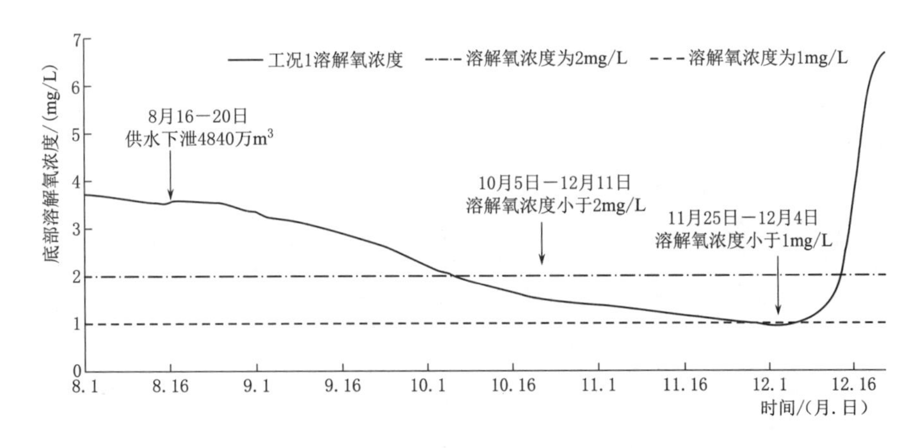

图 7-5　工况 1 热分层中后期滞温层底部溶解氧浓度变化图

2. 工况 2 高水位-大水量情景水库滞温层溶解氧演化过程

工况 2 为潘家口水库高水位-大水量情景，以 2018 年为代表年，工况 2 典型月份溶解氧垂向分布如图 7-3 所示。热分层中后期滞温层底部溶解氧浓度变化如图 7-7 所示，溶解氧浓度持续缓慢下降，浓度明显高于工况 1 的同期水平，11 月 3 日溶解氧浓度低于 2mg/L，底部出现缺氧，潘家口水库滞温层缺氧的持续时间为 35 天，不存在严重缺氧，工况 2 的缺氧持续时间和缺氧严重程度

图 7－6 工况 1 热分层末期滞温层底部缺氧区分布示意图

均远小于工况 1。11 月 25 日水库滞温层缺氧最严重，溶解氧浓度为 1.60mg/L，水库缺氧范围 1.13km²，对应的缺氧水量为 90 万 m³，热分层末期滞温层底部缺氧区分布如图 7－8 所示。

与工况 1 相比，工况 2 水库常规调度下泄水量增加 9.9 亿 m³，5—8 月大水量下泄有效增加了滞温层的垂向混合，滞温层溶解氧补给大大增加，8 月底部溶解氧浓度增加 2.4mg/L，整个热分层期间缺氧持续时间减小 49%，缺氧的严重程度减弱，缺氧范围和缺氧水体的体积分别减小 87%、96%。工况 2 常规调度下泄水量的增加使得水库热分层期间缺氧持续时间明显缩短、缺氧严重程度明显减弱。

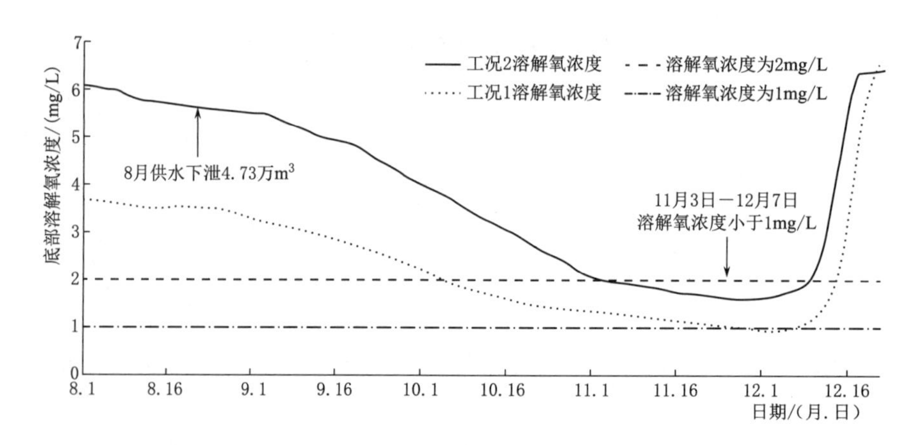

图 7－7 工况 2 热分层中后期滞温层底部溶解氧浓度变化图

3. 工况 3 低水位、小水量情景水库滞温层溶解氧演化过程

工况 3 为潘家口水库低水位、小水量情景，以 2005 年为代表年，工况 3 典型月份溶解氧垂向分布如图 7－3 所示。工况 3 热分层期间溶解氧垂向分布与工况 1 类似，热分层初期和中期溶解氧的垂向分别呈阶梯形 S 形分布，至 8 月初滞温层底部溶解氧浓度与工况 1 相当，为 3.98mg/L。11 月热分层末期滞温层溶解氧浓度低于工况 1，底部溶解氧浓度为 0.7mg/L。

工况 3 热分层中后期滞温层底部溶解氧浓度变化如图 7-9 所示，滞温层底部水温略高于工况 1，热分层末期比工况 1 高 2.2℃，溶解氧的降低速率增加，滞温层底部缺氧出现时间提前至 9 月 23 日，缺氧结束时间也相应提前，缺氧的持续时间为 63 天；严重缺氧出现时间提前至 10 月 16 日，持续时间延长至 39 天。11 月 11 日水库滞温层缺氧最严重，溶解氧浓度为 0.65mg/L，水库缺氧范围 6.24km^2，对应的缺氧水量为 0.16 亿 m^3，热分层末期滞温层底部缺氧区分布如图 7-10 所示。

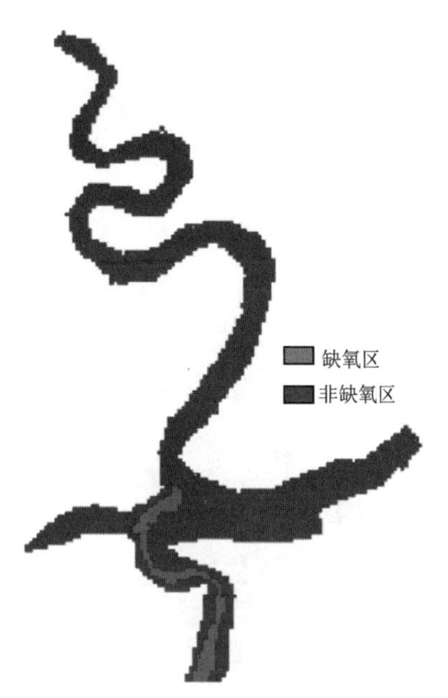

图 7-8　工况 2 热分层末期滞温层底部缺氧区分布示意图

与工况 1 相比，工况 3 水库年均水位降低 17m，水库年均蓄水量减少至 6.84 亿 m^3，热分层期间底部水温升温较快，底部耗氧率增加，使得热分层期间缺氧和严重缺氧出现时间分别提前 12 天、40 天，缺氧持续时间与工况 1 相当，严重缺氧持续时间增加 2.9 倍，但缺氧范围和缺氧水体的体积略有减少，分别减小 7%、30%。工况 3 水库低水位运行使得水库缺氧出现和结束时间均提前，水库滞温层增温速度加快，滞温层底部缺氧严重程度显著增加。

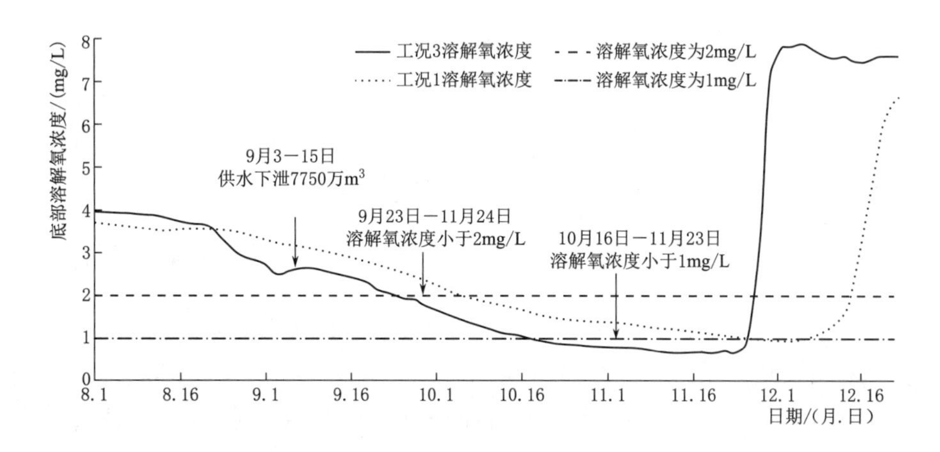

图 7-9　工况 3 热分层中后期滞温层底部溶解氧浓度变化图

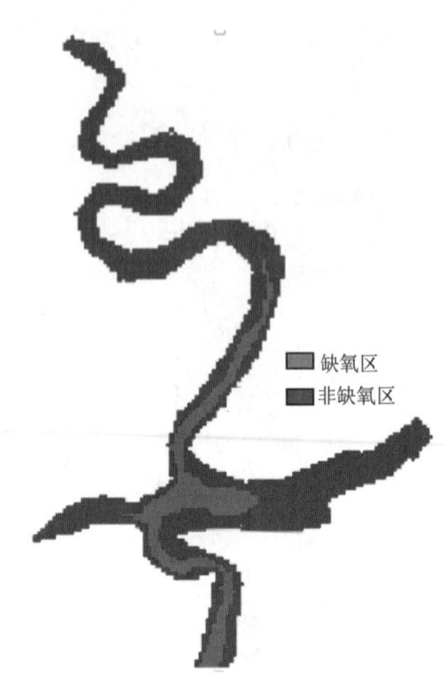

图 7-10　工况 3 热分层末期滞温层底部缺氧区分布示意图

4. 工况 4 无抽水蓄能情景水库滞温层溶解氧演化过程

工况 4 为潘家口水库无抽水蓄能情景，以 2017 年为基准，关停抽水蓄能调度，工况 4 典型月份溶解氧垂向分布如图 7-4 所示。工况 4 热分层期间溶解氧垂向分布与工况 1 类似，但热分层中后期滞温层底部溶解氧浓度略有降低，8 月和 11 月滞温层底部溶解氧浓度分别为 3.5mg/L、0.53mg/L。

工况 4 热分层中后期滞温层底部溶解氧浓度变化如图 7-11 所示，与工况 1 相比，8 月滞温层底部溶解氧浓度略低，但随后溶解氧浓度降幅更大，滞温层底部缺氧出现时间提前至 9 月 20 日，缺氧结束时间推迟 5 天，因此工况 4 缺氧的持续时间增加至 88 天；严重缺氧出现时间提前至 10 月 15 日，持续时间延长至 61 天。12 月 11 日水库滞温层缺氧最严重，溶解氧浓度为 0.49mg/L，水库缺氧范围 7.52km^2，对应的缺氧水量为 0.34 亿 m^3，热分层末期滞温层底部缺氧区分布如图 7-12 所示。

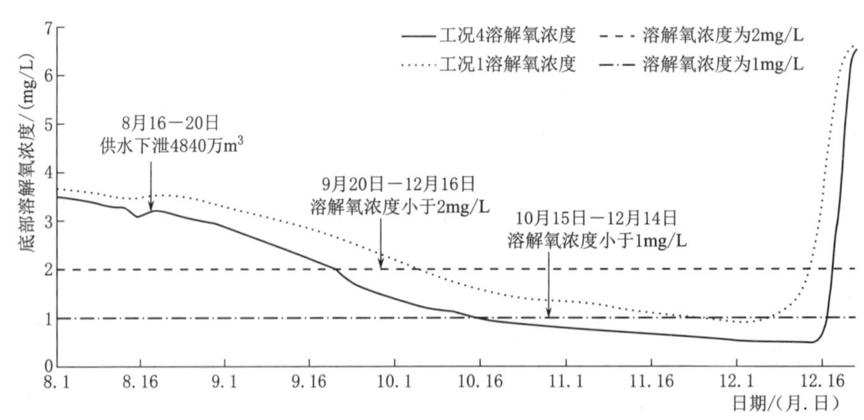

图 7-11　工况 4 热分层中后期滞温层底部溶解氧浓度变化图

与工况 1 相比，工况 4 水库抽水蓄能调度关停，每年水库滞温层底部缺氧和严重缺氧出现时间分别提前 15 天、41 天，缺氧、严重缺氧持续时间分别增加

29%和 5.1 倍，缺氧范围和缺氧水体的体积分别增加 12%、48%。潘家口水库抽水蓄能常年高频率运行，水量交换大，特别是热分层中后期大水量抽泄作用，能较大程度抑制滞温层缺氧。若无抽水蓄能的作用，水库滞温层底部缺氧持续时间将成倍增加，缺氧严重程度加剧。

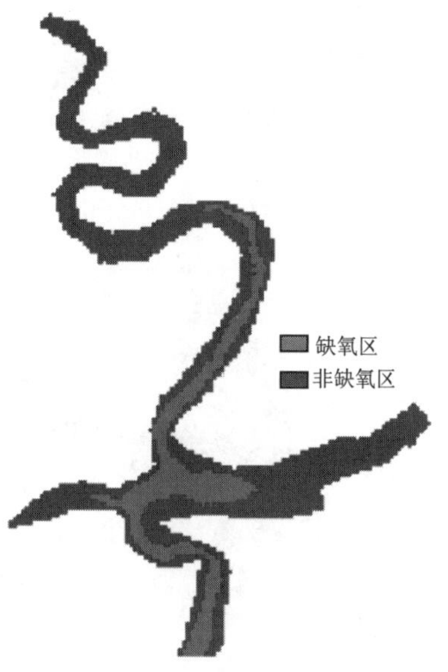

图 7-12 工况 4 热分层末期滞温层底部缺氧区分布示意图

5. 工况 5 水质达标情景水库滞温层溶解氧演化过程

工况 5 为潘家口水库水质达标情景，该工况以 2017 年为基准，库区和入库硝酸盐浓度降低至 0.6mg/L，工况 5 典型月份溶解氧垂向分布如图 7-4 所示。工况 4 热分层期间溶解氧垂向分布与工况 1 类似，但热分层中后期滞温层底部溶解氧浓度大幅度降低，8 月和 11 月滞温层底部溶解氧浓度分别为 3.2mg/L、0.16mg/L。

工况 5 热分层中后期滞温层底部溶解氧浓度变化如图 7-13 所示，与工况 1 相比，热分层中后期滞温层底部溶解氧浓度减小速率增加，滞温层底部缺氧出现时间提前至 8 月 25 日，缺氧的持续时间增加至 112 天；严重缺氧出现时间提前至 9 月 22 日，持续时间延长至 82 天。12 月 1 日水库滞温层缺氧最严重，溶解氧浓度为 0.16mg/L，水库的缺氧范围 11.68km^2，对应的缺氧水量为 1.04 亿 m^3，

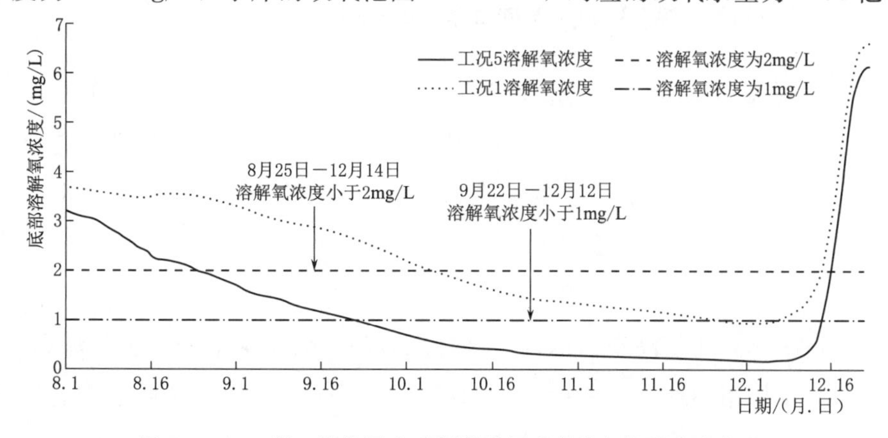

图 7-13 工况 5 热分层中后期滞温层底部溶解氧浓度变化图

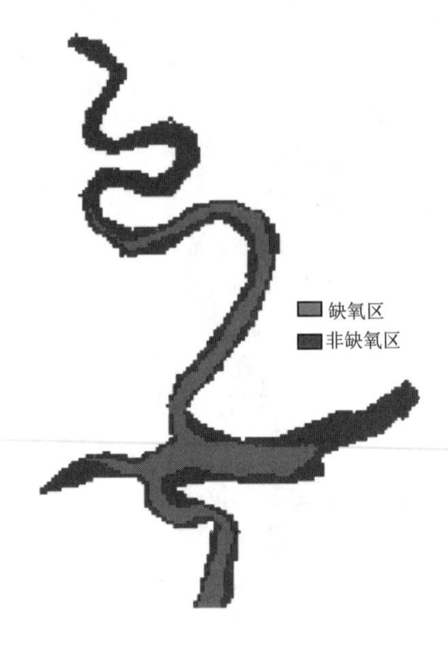

图7-14 工况5热分层末期滞温层底部缺氧区分布示意图

热分层末期滞温层底部缺氧区分布如图7-14所示。

在水库沉积物污染状况下，工况5水库以保障TN达标为目标的大幅度降低硝酸盐浓度，将使得每年水库滞温层底部缺氧、严重缺氧持续时间分别增加65%、7.2倍，缺氧范围和缺氧水体的体积分别增加75%、3.5倍。潘家口水库现状沉积物有机污染严重，沉积物耗氧量大，滞温层底部反硝化反应对溶解氧的缓冲作用对滞温层底部保持有氧状态至关重要，若在当前沉积物污染状态下，水库大幅度降低硝酸盐浓度将导致热分层期间滞温层缺氧持续时间成倍增加，缺氧严重程度显著加剧。

7.3 改善水库滞温层溶解氧的对策建议

滞温层溶解氧的改善主要以减缓滞温层底部缺氧的持续时间和严重程度为标准，据此本书从水库调度运行以及流域治污两个方面，探讨改善潘家口水库滞温层溶解氧的对策建议。

7.3.1 改善滞温层溶解氧的水库调度运行对策建议

为了改善滞温层溶解氧、缓解滞温层底部缺氧持续时间和严重程度，通过上述工况模拟结果的分析，确定潘家口水库调度运行的核心理念是热分层期间尽可能通过水库的常规调度和抽水蓄能调度增大水体的垂向扰动、增加底部溶解氧的补给，同时在热分层后期降低水库水位、缩减水库缺氧持续时间。

潘家口水库近几年高水位运行，具有短时间、大流量集中常规下泄和局部、高频率、往复作用的抽水蓄能调度，这种调度运行方式有效降低了滞温层耗氧速率、减少底部溶解氧消耗，同时增加水体垂向掺混作用和滞温层溶解氧的补给，有效抑制了热分层期间滞温层底部的缺氧，这也是潘家口水库热分层期间底部耗氧率低的主要原因。

水库抽水蓄能调度根据华北电网的实际需求运行，多年来运行稳定，各年变化不大。因此，本书主要从常规调度着手，探讨优化调度运行规则缓解水库滞温层缺氧的对策。潘家口水库库容19.13亿m^3，近年来入库和出库年径流量均远小于水库库容，水库常规调度主要以供水调度为主。水库所在的滦河流域水资源有限，每年加大供水下泄水量难以实现。

潘家口水库作为引滦工程的龙头水库，提供主要的供水水源，以短时间、大流量的供水下泄方式向大黑汀水库泄放，大黑汀水库按照实际供水需求为各用水户供水。下游大黑汀水库的库容为3.37亿m^3，库容较大，利用大黑汀水库的库容调整潘家口水库的供水下泄过程具有可操作性。

潘家口水库的常规下泄主要集中在每年5—8月，9月开始水库水位逐渐升高。据此本书综合考虑大黑汀水库的调节作用，将水库热分层中后期及混合期（1—4月和9—12月）下泄水量在水库热分层末期集中下泄，增强水库垂向扰动、增加底部溶解氧补给，同时降低水库水位、缩短滞温层缺氧持续时间。

本书根据模拟各工况滞温层底部缺氧的发生时间，建议潘家口水库常规调度中调整、增加10月中下旬集中下泄过程。其中高水位条件下水库水量充沛，建议下泄水量2亿m^3；低水位条件下水库水量少，建议下泄水量1亿m^3。据此，工况1（2017年高水位）、工况3（2005年低水位）情景水库水位将分别下降4.5m、3.5m，现状硝酸盐浓度、有抽水蓄能条件下，优化调度前、后相关工况的溶解氧特征指标见表7-4所示。

表7-4 优化调度前、后相关工况的溶解氧特征指标

工况		缺氧持续时间/d	最大缺氧面积/km^2	最大缺氧水量/亿m^3	严重缺氧持续时间/d
1	优化调度前	68	6.69	0.23	10
	优化调度后	64	5.19	0.11	—
3	优化调度前	63	6.24	0.16	39
	优化调度后	56	4.63	0.1	18

工况1（2017年高水位、小水量下泄情景）优化调度前、后滞温层底部溶解氧浓度变化如图7-15所示，与优化调度前相比，优化调度后水库缺氧结束

时间提前4天，缺氧持续时间减小至64天，不存在严重缺氧。水库在2017年12月1日滞温层缺氧最严重，滞温层底部溶解氧浓度为1.03mg/L，水库缺氧的最大范围减小至5.19km²，对应的水量减少至0.11亿m³，缺氧面积和缺氧的水量分别减少23%、52%。工况1优化调度后热分层末期底部缺氧区分布如图7-16所示。

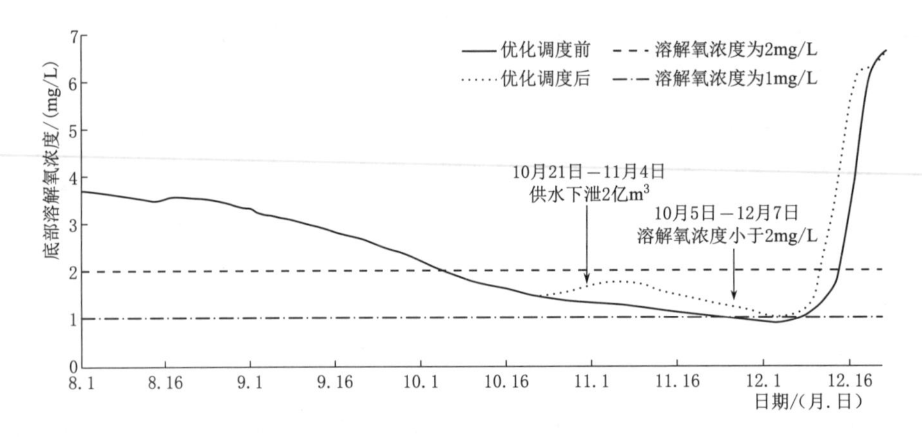

图7-15 工况1优化调度前、后滞温层底部溶解氧浓度变化图

工况3（2005年低水位、小水量下泄情景）优化调度前、后滞温层底部溶解氧浓度变化如图7-17所示，与优化调度前相比，优化调度后水库缺氧结束时间提前7天，缺氧持续时间减小至56天；严重缺氧持续时间减少至18天，减少了54%。水库在2005年10月20日滞温层缺氧最严重，滞温层底部溶解氧浓度为0.89mg/L，水库缺氧范围减小至4.63km²，对应的水量减少至0.10亿m³，缺氧面积和缺氧的水量分别减少26%、37%。工况3优化调度后热分层末期底部缺氧区分布如图7-18所示。

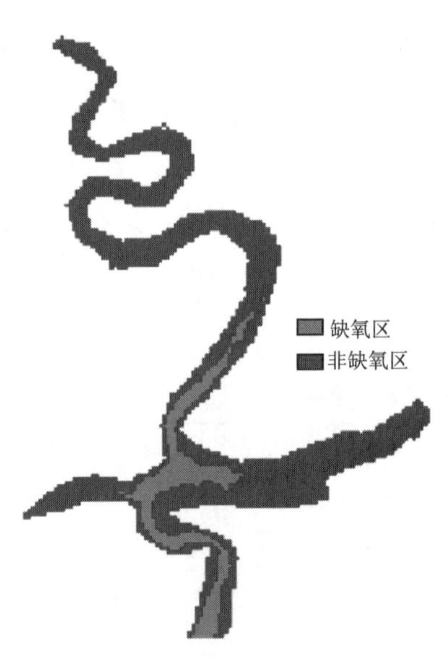

图7-16 工况1优化调度后热分层末期底部缺氧区分布示意图

通过上述分析，优化潘家口水库常规调度后各水位工况滞温层底部缺氧的持续时间缩小、缺氧程度减弱，特别是滞温层底部严重缺氧的持续时间大幅度缩短。因

此，通过对潘家口水库常规调度的适当优化，能够有效抑制潘家口水库滞温层缺氧。

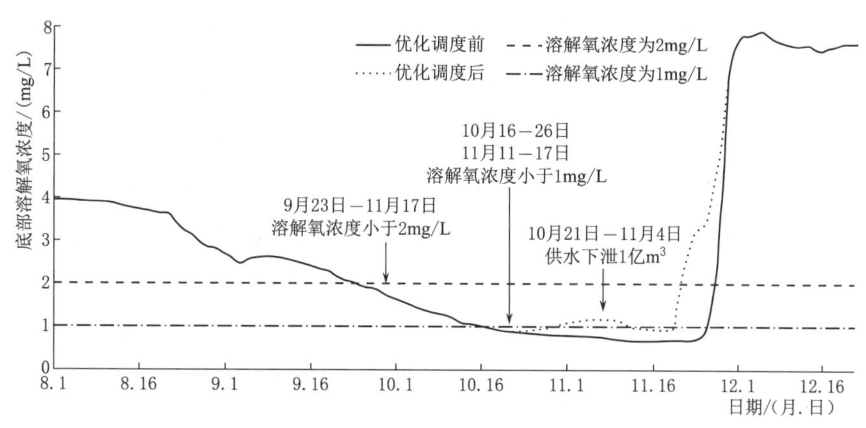

图 7-17 工况 3 优化调度前、后滞温层底部溶解氧浓度变化图

7.3.2 改善滞温层溶解氧的流域治污对策建议

长期以来潘家口水库富营养化，TN 和 TP 等指标超标，为了保障供水安全和减少富营养化，近年来潘家口水库上游滦河流域及水库库区加强治污力度，入库 TP、氨氮浓度显著降低，库区网箱养殖全面清除。在大力治污的推动下，入库和库区 TP 浓度大幅度降低，2016 年入库和库区 TP 浓度分别为 0.39mg/L、0.37mg/L，2018 年入库和库区 TP 浓度已经降低至 0.13mg/L、0.12mg/L。但入库和库区 TN 浓度一直稳定在较高水平，至 2018 年入库和库区 TN 浓度分别为 6.80mg/L、4.31mg/L。

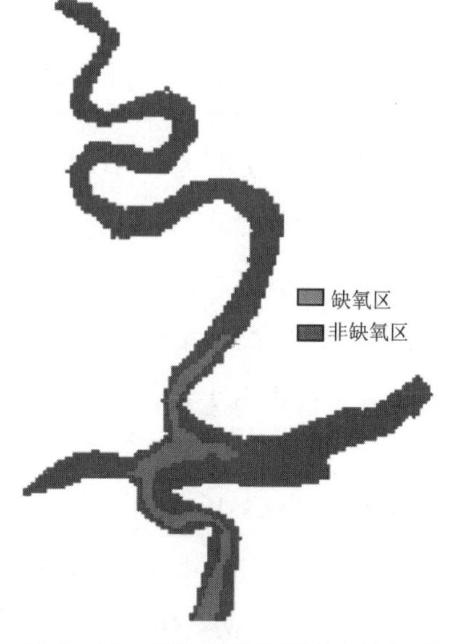

图 7-18 工况 3 优化调度后热分层末期底部缺氧区分布示意图

淡水生态系统中磷是关键限制性营养物质，大幅度减少磷负荷后水质将持续提升，但水体氮、磷限制或者共同限制非常普遍，TN 也是某些淡水生态系统富营养化潜在的、重要的驱动力。从流域污染综合治理的角度，仅限制磷负荷导致高浓度的氮输

运到下游，可能加剧河口和近海生态系统的富营养化和水体缺氧问题。从引水安全的角度，水体中高浓度的氮，特别是高浓度的硝酸盐可能给人类带来健康风险，导致新生儿基因突变、致畸或出生缺陷等。对潘家口水库甚至滦河流域来说，实施氮、磷两种营养盐的控制十分必要，而水库的治污成本高昂，制定合理的污染负荷管理措施至关重要。

潘家口水库的 TN 主要以硝酸盐为主，2014—2018 年库区硝酸盐占 TN 比例的 80%以上，水库的氮控制必然会导致库区硝酸盐浓度的降低。然而本书分析表明，库区高浓度的硝酸盐能有效缓解水体溶解氧的消耗，在抑制潘家口水库水体缺氧和内源污染方面发挥了积极作用。现阶段将硝酸盐浓度治理到较低水平，将会导致潘家口水库滞温层缺氧持续时间和缺氧严重程度的显著增加，必然会导致水库内源污染的大量释放、水库水质恶化。综合考虑上述因素，应结合潘家口水库的实际情况，提出合理的现阶段硝酸盐控制浓度。各工况热分层期间硝酸盐浓度最小值统计见表 7-5。

表 7-5　　各工况热分层期间硝酸盐浓度最小值统计表

工　况	水　位	下泄水量	硝酸盐最低浓度/(mg/L)	全年消耗硝酸盐的溶解氧当量/(mg/L)
1	高	小水量	2.36	4.69
2	高	大水量	2.62	3.95
3	低	小水量	2.77	3.52

据表 7-5 分析水库不同水位、不同下泄水量工况下硝酸盐的年最小浓度，提出本阶段硝酸盐浓度合理的控制目标。表 7-5 中各工况热分层期间均消耗大量硝酸盐，硝酸盐作为氧化剂每消耗 1mg/L 相当于 2.86mg/L 的氧，据此计算各工况全年消耗硝酸盐的溶解氧当量，可以发现各工况每年平均消耗硝酸盐约 1.42mg/L，相当于消耗了 4.05mg/L 的氧。因此本书建议，在沉积物现有污染水平下，上游输入硝酸盐浓度控制在 1.5～2.5mg/L，该浓度的硝酸盐能有效缓解滞温层底部缺氧，同时也能在热分层期间大量消耗，使得硝酸盐出库浓度保持较低水平，使得出库 TN 浓度达标。

已有研究表明，沉积物耗氧主要是源自近期沉降至沉积物表面的有机物以及 10 年内形成的沉积物中还原物质的释放，随着流域治污的实施潘家口水库的水质正在持续改善，沉积物耗氧也将逐渐减少，未来可根据水库沉积物的耗氧状况适当降低入库硝酸盐浓度。

7.4 小　结

本章通过建立的潘家口水库三维水动力-水质数学模型，考虑水库运行水位、下泄水量、抽水蓄能调度、硝酸盐浓度等条件制定5种工况，模拟分析不同工况潘家口水库滞温层溶解氧的变化，制定改善潘家口水库滞温层溶解氧的对策建议。具体结论包括：

（1）结合水库近年来实际调度运行状况以及库区水质达标的要求，考虑水库运行水位、常规调度、抽水蓄能调度、硝酸盐浓度等条件，以2017年为基准，设置5种模拟工况，模拟各工况潘家口水库滞温层溶解氧的演化特征。

（2）高、低水位运行滞温层底部缺氧的持续时间相当，但低水位运行将使得滞温层严重缺氧的持续时间增加2.9倍，底部缺氧更严重。

（3）水库大水量下泄情景缺氧持续时间、缺氧面积、缺氧水体体积分别缩减49%、83%、96%，全年均不存在严重缺氧，有效减缓滞温层缺氧；水库若关停抽水蓄能将导致水库滞温层缺氧和严重缺氧的持续时间分别增加0.29、5.1倍，最大缺氧面积、缺氧水体体积分别增加12%、48%，滞温层缺氧加剧。

（4）潘家口水库以TN达标为目标降低硝酸盐浓度，滞温层底部缺氧、严重缺氧持续时间分别增加0.65、7.2倍，缺氧面积、缺氧水体体积分别增加0.75、3.52倍，滞温层缺氧显著加剧。

（5）结合水库的实际调度运行，本书提出调整潘家口-大黑汀水库联合调度方案，优化潘家口水库常规供水下泄的建议，优化后各工况严重缺氧持续时间缩减50%以上，最大缺氧面积缩减约25%，最大缺氧水体体积缩减35%以上。

（6）综合考虑潘家口水库供水安全和滞温层缺氧、内源污染控制，本书建议当前可将上游来水硝酸盐浓度降低至1.5～2mg/L，该浓度的硝酸盐能有效缓解滞温层底部缺氧，也能保证硝酸盐出库浓度维持较低水平。

第8章 结论、创新与展望

8.1 结　　论

本书从水动力、热分层、生化过程等多角度全面梳理了热分层水库溶解氧的影响因子及综合作用关系，系统总结了热分层水库溶解氧演化模式、演化过程、时空分布特征及影响成因，厘清了热分层水库溶解氧的演化机制，提出了热分层水库溶解氧演化的概念模型。以潘家口水库为案例水库，系统梳理了溶解氧的演化特征，详细论述了潘家口水库的水动力、热分层和生化过程及对溶解氧的影响，明确了水库溶解氧演化的关键控制条件。在此基础上，构建了潘家口水库三维水动力-水质数学模型，模拟分析了运行水位、常规调度和抽水蓄能调度、硝酸盐浓度等关键控制条件变化对潘家口水库溶解氧的响应，重点分析了滞温层溶解氧的演变规律，提出了基于水库滞温层溶解氧改善的对策建议。概括起来，主要研究结论如下：

（1）全面总结了热分层水库溶解氧的影响因子，厘清了水库水动力、热分层、生化过程的综合作用关系。

热分层水库溶解氧演化是水动力、热分层以及生化过程等交互作用的结果。水库水动力过程决定水体的垂向混合强度，影响水体的热分层稳定性和温度传递，决定垂向各层水体溶解氧补给强度。水库热分层抑制了水体垂向混合和垂向溶解氧的补给，影响各层生化反应速率。水库氧化还原等生化过程作用于溶解氧的补给、消耗、缓冲等全过程，驱动溶解氧的垂向差异性变化；水库溶解氧浓度控制水体的氧化还原环境，影响相关生化反应进程。热分层使得水库垂向各层水体的水动力差异显著，为溶解氧的垂向分层提供了分异性物理环境；垂向各层不同生化过程作用，为溶解氧空间差异性演变提供了驱动力。

（2）系统分析了热分层水库溶解氧的演化过程、时空特征及成因，阐明了热分层水库动力场、温度场、浓度场“三场”耦合条件下溶解氧的演化机制，提出了热分层水库溶解氧演化的概念模型。

1）我国热分层水库溶解氧的演化模式主要有“暖分层-混合”的暖单次层化模式和“暖分层-混合-冷分层-混合”的冷暖二次层化模式，两种模式在水库暖分层期间垂向溶解氧浓度均存在显著差异且底部最容易缺氧，是水库最易发生缺氧的关键时期。

2）水库水动力、热分层及生化过程显著的空间差异性作用，溶解氧呈现有规律的层化结构，分层期间溶解氧从上至下呈现混合层、氧跃层、氧亏层的三层结构，水温从上至下呈现表水层、温跃层、滞温层的三层结构，二者一一对应，同步变化；溶解氧演化以年为周期，周期内可细分为混合期、分层形成期、分层稳定期、分层消弱期四个阶段，各阶段溶解氧垂向分布分别呈 I 形、反 J 形、S 形、正 J 形特征。

3）系统总结水库溶解氧演化的内、外部影响因素及作用强度变化，制定了热分层水库溶解氧演化的概念模型，明确了水库水-气界面、沉积物-水界面等边界的外部影响因素、作用强度及作用方式，明晰了水库垂向混合、水温、热分层及主要的生化过程等内部影响因素作用强度变化。

（3）阐明了潘家口水库溶解氧演化规律，加深了潘家口水库水动力、热分层及生化作用对溶解氧演化影响的认识，厘清了潘家口水库溶解氧演化的关键控制条件。

1）潘家口水库全年呈“暖分层-混合”的暖单次层化模式，每年 4 月中旬至 11 月底水温分层，持续时间 210 天，分层期间滞温层升温小于 4℃，升温缓慢。水库溶解氧分层比热分层滞后一个月左右，二者均呈现垂向三层结构，各层分布和厚度变化类似。分层期间混合层溶解氧处于过饱和状态；氧跃层溶解氧浓度随水深增加急剧下降，7—8 月处于缺氧状态；氧亏层溶解氧浓度逐渐降低，热分层末期库底出现短暂缺氧现象。分层期间水库底部耗氧率相对较低，仅为 0.045mg/(L·d)。

2）潘家口水库存在大流量集中供水下泄和高频率抽水蓄能调度，水库调度使得热分层期间坝前水体温跃层下移、库底溶解氧浓度增加，热分层期间坝前比库中的库底溶解氧浓度高 18%以上；热分层末期水库调度破坏坝前水温、溶解氧分层，缩短了坝前水体热分层和缺氧的持续时间。

3）水库温跃层的温度梯度与溶解氧的浓度梯度显著正相关，温跃层较大的温度梯度控制了溶解氧的补给与消耗；水深较浅的水域滞温层底部水温高、耗氧率大、更易缺氧。

4）水库生化作用具有显著的季节性分层特征，混合层叶绿素a浓度高达15μg/L以上，浮游藻类光合作用产氧量大，溶解氧过饱和；氧跃层浮游植物大量死亡分解等耗氧，层内叶绿素a与溶解氧浓度同步、急剧降低，7、8月浓度甚至降至2mg/L以下；氧亏层有机物分解耗氧主要集中于库底，使得热分层末期库底缺氧，并存在反硝化脱氮以及TP、氨氮等内源污染的显著释放，近年来水库磷的滞留效应降低、硝酸盐消耗增加，水库缺氧加剧。

5）潘家口水库大流量供水下泄和高频率的抽水蓄能调度、水库高水位运行及库底显著的硝酸盐反硝化反应是库底耗氧率低的主要原因，也是溶解氧演化的关键控制条件。

（4）构建了潘家口水库三维水动力-水质数学模型，对水库溶解氧演化过程进行了数值模拟。

本书构建了潘家口水库三维水动力-水质数学模型，共包括水库水动力、热分层及水质模块，以溶解氧为核心指标，充分考虑溶解氧的补给、消耗、缓冲等过程，包含溶解氧循环、BOD-DO动态过程、氮循环转化以及藻类的相关过程。该模型经过率定验证，能良好再现潘家口水库真实水温、溶解氧的结构和变化过程。

（5）制定了潘家口水库滞温层溶解氧改善对策。

考虑潘家口水库运行水位、常规调度、抽水蓄能调度、硝酸盐浓度等溶解氧演化控制条件，以2017年为基准设置了5种工况，模拟计算了不同工况的水质变化，重点分析了滞温层底部的缺氧持续时间和缺氧严重程度。

2017年水库高水位、常规调度小水量下泄，水库全年滞温层缺氧和严重缺氧持续时间分别为68天、10天，最大缺氧面积6.69km^2，最大缺氧水体体积0.23亿m^3。2005年与2017年相比，水库运行水位降低17m，全年滞温层缺氧和严重缺氧持续时间分别增至63天、39天，低水位运行使得滞温层缺氧程度加重；2018年水库常规调度下泄水量增加9.9亿m^3，滞温层缺氧持续时间、缺氧面积、缺氧体积显著减小，全年缺氧时间缩减至35天，不存在严重缺氧，有效减缓了滞温层的缺氧；2017年潘家口水库若关停抽水蓄能，滞温层缺氧和严重缺氧的持续时间分别延长至 88 天、61 天，最大缺氧面积、缺氧体积较 2017 年常规调度下分别增加 12%、48%，滞温层缺氧加剧；2017 年潘家口水库若以 TN 达标为目标降低硝酸盐浓度，滞温层底部缺氧、严重缺氧持续时间分别延长至 112 天、82 天，缺氧面积、缺氧体积成倍增加，滞温层缺氧显著加剧。

综合考虑潘家口水库供水安全，本书从水库调度运行和流域治污两个方面提出了抑制滞温层缺氧、控制内源污染的对策建议。结合水库实际调度运行情况，提出了调整潘家口-大黑汀水库联合调度，将潘家口水库常规调度中 1—4 月和 9—12 月水库下泄水量在 10 月中下旬集中下泄的优化建议，优化调度后严重缺氧持续时间、最大缺氧面积、缺氧体积分别较优化调度前缩减 50%、25%、35%以上。考虑潘家口水库供水水体 TN 达标的要求，提出了上游来水硝酸盐浓度降低至 1.5～2mg/L 的流域治污建议，该建议能最大限度地发挥硝酸盐对溶解氧的缓解作用，同时保证出口浓度较低，保障供水水质安全。

8.2 创　新

本书主要在以下几个方面进行了创新：

(1) 基于大量的文献调研和理论研究，全面总结了热分层水库溶解氧的影响因子及综合作用关系，阐明了热分层水库溶解氧演化的过程、时空特征、影响成因等演化机制，提出了热分层水库溶解氧演化的概念模型，为研究热分层水库缺氧、供水安全保障等相关问题提供了理论参考。

(2) 深入剖析了典型热分层水库溶解氧的演化规律，构建了以溶解氧为核心的水库三维水动力-水质数学模型，该模型包括水动力、热分层、生化过程的模拟，充分考虑了溶解氧的补给、消耗、缓冲作用及相关生化过程的启闭条件，实现了热分层水库动力场、温度场、浓度场“三场”耦合模拟，能够较为精细地模拟热分层水库溶解氧的演化过程，对进一步研究热分层水库溶解氧演化机理奠定了良好的工作基础。

(3) 通过潘家口水库三维水动力-水质数学模型定量分析了水库运行水位、常规调度、抽水蓄能调度、硝酸盐浓度等溶解氧演化关键控制条件对滞温层溶解氧的影响，综合考虑水库实际运行情况和供水安全保障需求，制定了优化常规调度和控制入库硝酸盐浓度等改善水库滞温层溶解氧的对策建议，对潘家口水库滞温层缺氧有很好的防控作用。

8.3 展　望

本书虽然在热分层水库溶解氧演化机制方面取得了一定的进展，但因个人的研究水平、研究时限和技术条件等限制，还存在许多不足之处，许多问题还需要进一步地研究完善。主要包括：

（1）完善目前的监测方法和监测指标，尽可能捕捉溶解氧演化的全过程，加强溶解氧演变内在机理的研究。水库生态系统对溶解氧的影响是复杂的多种因素共同作用，本书提出了动力场、温度场、污染负荷的浓度场“三场”的耦合作用下热分层水库溶解氧的演化机制，后续需要加强对热分层水库溶解氧演化机理方面的研究，以期能更准确地理解和认识热分层水库缺氧问题。

（2）加强热分层水库沉积物需氧的原位观测和室内释放试验，准确掌握沉积物需氧的控制机理。本书通过大量的现场监测估算水库沉积物的需氧量，下一步应加强水库沉积物耗氧的原位观测和室内实验，探明水动力条件、水温、营养物质浓度等对沉积物需氧的作用规律，揭示热分层水库沉积物需氧的控制机理与控制条件。

（3）加强基于滞温层溶解氧改善的潘家口-大黑汀水库联合调度模型与方法的研究。本书提出了调整潘家口-大黑汀水库联合供水调度、改善潘家口滞温层溶解氧的对策建议，并分析了其对潘家口水库滞温层缺氧的改善效果，但该方法主要是基于潘家口水库溶解氧演化机制的概念性提法，不足以作为水库常规调度的设计依据。因此，后期需要加强基于滞温层溶解氧改善的潘家口-大黑汀水库联合调度模型与方法的研究，用于水库的实际调度。

（4）加强硝酸盐等缓冲物质浓度变化对热分层水库水化学的影响评估。本书分析了水库硝酸盐负荷对溶解氧的缓冲作用和对水库水质提升的潜在好处，但较高的硝酸盐负荷威胁水库的供水安全，因此下一步应加强硝酸盐浓度对热分层水库水化学的影响评估，细致研究如何控制入库硝酸盐等缓解物质浓度，以期最大限度发挥其缓解效应，且在出库之前尽量消耗，减小出库浓度、保障供水水质。

参 考 文 献

[1] ZHANG Y, WU Z, LIU M, et al. Dissolved oxygen stratification and response to thermal structure and long-term climate change in a large and deep subtropical reservoir (Lake Qiandaohu, China) [J]. Water Research, 2015, 75: 249-258.

[2] JONES I D, WINFIELD I J, CARSE F. Assessment of long-term changes in habitat availability for Arctic charr (Salvelinus alpinus) in a temperate lake using oxygen profiles and hydroacoustic surveys [J]. Freshwater Biology, 2008, 53 (2): 393-402.

[3] HUPFER M, LEWANDOWSKI J. Oxygen controls the phosphorus release from lake sediments-a long-lasting paradigm in limnology [J]. International review of hydrobiology, 2008, 93 (4/5): 415-432.

[4] VAQUER-SUNYER R, DUARTE C M. Thresholds of hypoxia for marine biodiversity [J]. Proceedings of the National Academy of Sciences of the United States of America, 2008, 105 (40): 15452-15457.

[5] AREND KK, BELETSKY D, DEPINTD J V, et al. Seasonal and interannual effects of hypoxia on fish habitat quality in central Lake Erie [J]. Freshwater Biology, 2011, 56 (2): 366-383.

[6] LABOUNTY J F, BURNS N M. Long-term increases in oxygen depletion in the bottom waters of Boulder Basin, Lake Mead, Nevada-Arizona, USA [J]. Lake and Reservoir Management, 2007, 23 (1): 69-82.

[7] BURNS N M, ROCKWELL D C, BERTRAM P E, et al. Trends in temperature, secchi depth, and dissolved oxygen depletion rates in the central basin of Lake Erie, 1983-2002 [J]. Journal of Great Lakes Research, 2005, 31 (S2): 35-49.

[8] FOLEY B, JONES I D, MABERLY S C, et al. Long-term changes in oxygen depletion in a small temperate lake: effects of climate change and eutrophication [J]. Freshwater Biology, 2012, 57 (2): 278-289.

[9] WANG Y, XIA H, FU J, et al. Water quality change in reservoirs of Shenzhen, China: detection using LANDSAT/TM data [J]. Science of the Total Environment, 2004, 328 (1/3): 195-206.

[10] BURNS N M, ROSS C. PROJECT HYPO: an intensive study of the lake erie central basin hypolimnion and related surface water phenomena, CCIW, Paper No. 6 and US Envir. Prot. Agency. Tech. Rep., TS-05-71-208-24, 1972.

[11] VOLKMAR E C, DAHLGREN R A. Biological oxygen demand dynamics in the lower San Joaquin River, California [J]. Environmental Science & Technology, 2006, 40 (18): 5653-5660.

[12] 金相灿，刘鸿亮，屠清瑛，等. 中国湖泊富营养化 [M]. 北京：中国环境科学出版

社，1990.

[13] DAVID ALLAN J，CASTILLD M M. 河流生态学［M］. 黄钰铃，纪道斌，惠二青，等译. 北京：中国水利水电出版社，2017.

[14] FRIEDRICH J，JANSSEN F，ALEYNIK D，et al. Investigating hypoxia in aquatic environments：diverse approaches to addressing a complex phenomenon［J］. Biogeosciences，2014，11（4）：1215－1259.

[15] MÜLLER B，BRYANT L D，MATZINGER A，et al. Hypolimnetic Oxygen Depletion in Eutrophic Lakes［J］. Environmental Science & Technology，2012，46（18）：9964－9971.

[16] CONLEY DJ，CARSTENSEN J，VAQUER-SUNYER R，et al. Ecosystem thresholds with hypoxia［J］. Hydrobiologia，2009，629：21－29.

[17] 杜彦良，彭文启，刘畅. 分层湖库溶解氧时空特性研究进展［J］. 水利学报，2019，50（8）：990－998.

[18] 李小平. 湖泊学［M］. 北京：科学出版社，2013.

[19] BIRGE E，JUDAY C. Inland lakes of Wisconsin，Wisconsin：Wisconsin State Geological and Natural History Survey，1911.

[20] THIENEMANN. Der Sauerstoff im eutrophen und oligottophen Seen［M］. Der Sauerstoff im eutrophen und oligottophen Seen. Die Binnengewässer，4. Stuttgart，Schweizerbart' sche Verlagsbuchhandlung，1928.

[21] JUDAY C，BIRGE E. Dissolved oxygen and oxygen consumed in the lake waters of northeastern Wisconsin［J］. Trans Wisconsin Acad Sci Arts And Lett，1932，27：415－486.

[22] HUTCHINSON G E. A treatise on limnology［M］. Wiley，1957.

[23] KALFF J. 湖沼学——内陆水生态系统［M］. 古滨河，刘文政，李宽意，等译. 北京：高等教育出版社，2011.

[24] CONLEY DJ，PAERL H W，HOWARTH R W，et al. Controlling eutrophication：nitrogen and phosphorus［J］. Science，2009，323（5917）：1014－1015.

[25] PIAZ R J，ROSENBERG R. Spreading dead zones and consequences for marine ecosystems［J］. Science，2008，321（5891）：926－929.

[26] VAHTERA E，CONLEY D J，GUSTAFSSON B G. Internal ecosystem feedbacks enhance nitrogen-fixing cyanobacteria blooms and complicate management in the Baltic Sea［J］. Ambio：A Journal of the Human Environment，2007，36（2/3）：186－194.

[27] ALEXANDER R B，SMITH R A，SCHWARZ G E，et al. Differences in phosphorus and nitrogen delivery to the gulf of Mexico from the Mississippi river basin［J］. Environmental Science & Technology，2008，42（3）：822－830.

[28] CARSTENSEN J，CONLEY D J，ANDERSEN J H，et al. Coastal eutrophication and trend reversal：A Danish case study［J］. Limnology and Oceanography，2006，51（1）：398－408.

[29] MURPHY C R. An investigation of diffusion characteristics of the hypolimnion of Lake Eric.，Canada Centre for Inland Water，Paper No. 6. United States Environmental Protection Agency，Technical Report，TS－05071－208－24，1972.

[30] RUCINSKI D K，DEPINTO J V，BELETSKY D，et al. Modeling hypoxia in the central basin of Lake Erie under potential phosphorus load reduction scenarios［J］. Journal of

Great Lakes Research, 2016, 42 (6): 1206 - 1211.

[31] ZHOU Y, OBENOUR D R, SCAVIA D, et al. Spatial and temporal trends in Lake Erie hypoxia, 1987 - 2007 [J]. Environmental Science & Technology, 2013, 47 (2): 899 - 905.

[32] NAKASHIMA Y, SHIMIZU A, MARUO M, et al. Trace elements influenced by environmental changes in Lake Biwa: (I) Seasonal variations under suboxic hypolimnion conditions during 2007 and 2009 [J]. Limnology, 2016, 17 (2): 151 - 162.

[33] SOHRIN Y, NAKASHIMA Y, MARUO M. Trace elements influenced by environmental changes in Lake Biwa: (Ⅱ) Chemical variations in the hypolimnion over the last half-century [J]. Limnology, 2016, 17 (2): 163 - 173.

[34] SUAZO F J C. An investigation into the effects of an external electron acceptor on nutrient cycling at the sediment-water interface of the Occoquan Reservoir [D]. Virginia Polytechnic Institute and State University, Manassas, Virginia, 2012.

[35] CUBAS F J, NOVAK J T, GODREJ A N, et al. Effects of nitrate input from a water reclamation facility on the Occoquan Reservoir water quality [J]. Water Environment Research, 2014, 86 (2): 123 - 133.

[36] LEE R M. Hydrologic, climatological, and biogeochemical controls on thermal structure and anoxia in four hypereutrophic drinking water reservoirs [D]. California: San Diego State University, 2014.

[37] VOLLENWEIDER R A. The scientific basis of lake and stream eutropication, with particular reference to phosphorus and nitrogen as eutrophication factors [J]. Paris: Tech. Rep. DAS/DSI/68. 27; Organisation for Economic Cooperation and Development (OECD), 1968.

[38] SCHINDLER D W. Recent advances in the understanding and management of eutrophication [J]. Limnology and Oceanography, 2006, 51 (1): 356 - 363.

[39] SCHINDLER D W. The dilemma of controlling cultural eutrophication of lakes [J]. Proceedings of the Royal Society: Biological Sciences, 2012, 279 (1746): 4322 - 4333.

[40] WHITE D J, NOLL M R, MAKAREWICZ J C. Does manganese influence phosphorus cycling under suboxic lake water conditions [J]. Journal of great lakes research, 2008, 34 (4): 571 - 580.

[41] NURNBERG G K. Quantifying anoxia in lakes [J]. Limnology and Oceanography, 1995, 40 (6): 1100 - 1111.

[42] MATTHEWS D A, Effler S W. Long-term changes in the areal hypolimnetic oxygen deficit (AHOD) of Onondaga Lake: Evidence of sediment feedback [J]. 2006, 51 (1): 702 - 714.

[43] CARSTENSEN J, CONLEY D J, ANDERSEN J H, et al. Coastal eutrophication and trend reversal: a Danish case study [J]. Limnology and Oceanography, 2006, 51 (1): 398 - 408.

[44] 王雨春，朱俊，马梅，等. 西南峡谷型水库的季节性分层与水质的突发性恶化 [J]. 湖泊科学，2005，17 (1)：54 - 60.

[45] 李璇. 分层型富营养化水源水库水质演变机制与水质污染控制 [D]. 西安：西安建筑科技大学，2015.

[46] 李扬. 分层型水源水库水温模拟及扬水曝气系统运行优化研究 [D]. 西安：西安建筑科

技大学，2018.
[47] 黄廷林，谭欣林，李扬，等. 金盆水库热分层特性及扬水曝气系统运行效果研究 [J]. 西安建筑科技大学学报（自然科学版），2018，50 (2)：270-276，284.
[48] 刘雪晴，黄廷林，李楠，等. 水库热分层期藻类水华与温跃层厌氧成因分析 [J]. 环境科学，2019，40 (5)：2258-2264.
[49] 马越，郭庆林，黄廷林，等. 西安黑河金盆水库季节性热分层的水质响应特征 [J]. 水利学报，2013，44 (4)：406-415.
[50] 王晓江，黄廷林，李楠，等. 峡谷分层型水源水库表层沉积物溶解性有机物光谱特征 [J]. 湖泊科学，2018，30 (6)：1625-1635.
[51] 谭欣林. 峡谷分层型水源水库季节性水质响应特征及水质模拟研究 [D]. 西安：西安建筑科技大学，2018.
[52] 张春华. 周村水库氮素变化及热分层初期氮素降低的驱动因子解析 [D]. 西安：西安建筑科技大学，2018.
[53] 黄廷林，曾明正，邱晓鹏. 周村水库季节性热分层消亡期水质响应特性 [J]. 环境工程学报，2016，10 (10)：5695-5702.
[54] 周石磊，张艺冉，黄廷林，等. 周村水库主库区水体热分层形成过程中沉积物间隙水DOM的光谱演变特征 [J]. 环境科学，2018，39 (12)：5451-5463.
[55] 殷燕，吴志旭，刘明亮，等. 千岛湖溶解氧的动态分布特征及其影响因素分析 [J]. 环境科学，2014，35 (7)：2539-2546.
[56] 俞焰，刘德富，杨正健，等. 千岛湖溶解氧与浮游植物垂向分层特征及其影响因素 [J]. 环境科学，2017，38 (4)：1393-1402.
[57] 霍静，崔玉洁，宋林旭，等. 三峡水库神农溪库湾水体季节性分层特性 [J]. 生态学杂志，2019，38 (4)：1166-1174.
[58] 王琳杰，余辉，牛勇，等. 抚仙湖夏季热分层时期水温及水质分布特征 [J]. 环境科学，2017，38 (4)：1384-1392.
[59] BOTELHO D A, IMBERGER J. Dissolved oxygen response to wind-inflow interactions in a stratified reservoir [J]. Limnology and Oceanography, 2007, 52 (5): 2027-2052.
[60] CHAPRA S C, CANALE R P. Long-term phenomenological model of phosphorus and oxygen for stratified lakes [J]. Water Research, 1991, 25 (6): 707-715.
[61] MATTHEWS D A, EFFLER S W. Long-term changes in the areal hypolimnetic oxygen deficit (AHOD) of Onondaga Lake: Evidence of sediment feedback [J]. Limnology and Oceanography, 2006, 51 (1): 702-714.
[62] RIPPEY B, MCSORLEY C. Oxygen depletion in lake hypolimnia [J]. Limnology and Oceanography, 2009, 54 (3): 905-916.
[63] CORNETT R J, RIGLER F H. Hypolinimetic oxygen deficits: their prediction and interpretation [J]. Science (New York, N. Y.), 1979, 205 (4406): 580-581.
[64] CORNETT R J, RIGLER F H. The areal hypolimnetic oxygen deficit: An empirical test of the model [J]. Limnology and Oceanography, 1980, 25 (4): 672-679.
[65] ZOUABI-ALOUI B, ADELANA S M, GUEDDARI M. Effects of selective withdrawal on hydrodynamics and water quality of a thermally stratified reservoir in the southern side of the Mediterranean Sea: a simulation approach [J]. Environmental Monitoring and Assessment, 2015, 187 (5): 1-19.

[66] ANDERSON M A, KOMOR A, IKEHATA K. Flow routing with bottom withdrawal to improve water quality in Walnut Canyon Reservoir, California [J]. Lake and Reservoir Management, 2014, 30 (2): 131 - 142.

[67] BONALUMI M, ANSELMETTI F S, KAEGI R, et al. Particle dynamics in high-Alpine proglacial reservoirs modified by pumped-storage operation [J]. Water Resources Research, 2011, 47 (9), 1 - 15.

[68] LIU L X, WU J C. Research on ice formation during winter operation for a pumped storage station [M]. In Ice in Surface Waters, Shen H T, Balkema A A, Rotterdam, The Netherlands: 1999, 753 - 759.

[69] BONALUMI M, ANSELMETTI F S, WÜEST A, et al. Modeling of temperature and turbidity in a natural lake and a reservoir connected by pumped-storage operations [J]. Water Resources Research, 2012, 48 (8). 1—19.

[70] POTTER D U, STEVENS M P, MEYER J L. Changes in physical and chemical variables in a new reservoir due to pumped storage operations [J]. Journal of the American Water Resources Association, 1982, 18 (4): 627 - 633.

[71] Aquatic ecology studies of Twin Lakes, Colorado, 1971 - 1986: effects of a pumped-storage hydroelectric project on a pair of Montane Lakes, Denver, CO, USA: US Bureau of Reclamation: Denver, CO, USA, 1993.

[72] KOBLER U, WÜEST A, SCHMID M. Effects of lake-reservoir pumped-storage operations on temperature and water quality [J]. Sustainability, 2018, 10 (6): 1968.

[73] 卜英. 不同调度方案下三峡库区垂向二维水动力模型研究 [D]. 天津：天津大学，2010.

[74] 杨正健. 分层异重流背景下三峡水库典型支流水华生消机理及其调控 [D]. 武汉：武汉大学，2014.

[75] 朱亦仁. 环境污染治理技术 [M]. 北京：中国环境科学出版社，1996.

[76] 王占生，刘文君. 微污染水源饮用水处理 [M]. 北京：中国建筑工业出版社，1999.

[77] BOYER E W, GOODALE C L, JAWORSKI N A, et al. Anthropogenic nitrogen sources and relationships to riverine nitrogen export in the northeastern U. S. A. [J]. Biogeochemistry, 2002, 57: 137 - 169.

[78] MEYBECK M. Carbon, nitrogen, and phosphorus transport by world rivers [J]. American Journal of Science, 1982, 282 (4): 401 - 450.

[79] HEATHWAITE A L, JOHNES P J, PETERS N E. Trends in nutrients [J]. Hydrological Processes, 1996, 10 (2): 1085 - 1099.

[80] EDWARDS A C, TWIST H, CODD G A. Assessing the impact of terrestrially derived phosphorus on flowing water systems [J]. Journal of Environmental Quality, 2000, 29 (1): 117 - 124.

[81] GOLLER R, WILCKE W, FLEISCHBEIN K, et al. Dissolved nitrogen, phosphorus, and sulfur forms in the ecosystem fluxes of a montane forest in Ecuador [J]. Biogeochemistry, 2006, 77 (1): 57 - 89.

[82] HEATHWAITE A L, DILS R M. Characterising phosphorus loss in surface and subsurface hydrological pathways [J]. Science of the Total Environment, 2000, 251/252: 523 - 538.

[83] MAINSTONE C P, PARR W. phosphorus in rivers-ecology and management [J]. Science of the total environment, 2002, 282 - 283 (23): 25 - 47.

[84] HOWARTH R W, MARINO R. Nitrogen as the limiting nutrient for eutrophication in coastal marine ecosystems: Evolving views over three decades [J]. Limnology and Oceanography, 2006, 51 (1/2): 364-376.

[85] HEMOND H F, Lin K. Nitrate suppresses internal phosphorus loading in an eutrophic lake [J]. Water Research, 2010, 44 (12): 3645-3650.

[86] RIPL W. Biochemical oxidation of polluted lake sediment with nitrate-A new restoration method [J]. Ambio, 1976, 5 (3): 132-135.

[87] FOY R H. Suppression of phosphorus release from lake sediments by the addition of nitrate [J]. Water Research, 1986, 20 (11): 1345-1351.

[88] SCHAUSER I, CHORUS I, LEWANDOWSKI J. Effects of nitrate on phosphorus release: comparison of two Berlin lakes [J]. Acta Hydrochimica et Hydrobiologica, 2006, 34 (4): 325-332.

[89] SONDERGAARD M, JENSEN J P, JEPPESEN E. Role of sediment and internal loading of phosphorus in shallow lakes [J]. Hydrobiologia, 2003, 506: 135-145.

[90] ANDERSEN J M. Effect of nitrate concentration in lake water on phosphate release from the sediment [J]. Water Research, 1982, 16 (7): 1119-1126.

[91] PETZOLDT T, UHLMANN D. Nitrogen emissions into freshwater ecosystems: is there a need for nitrate elimination in all wastewater treatment plants? [J]. Clean, 2006, 34 (4): 305-324.

[92] YAMADA T M, SUEITT A P E, BERALDO D A S, et al. Calcium nitrate addition to control the internal load of phosphorus from sediments of a tropical eutrophic reservoir: Microcosm experiments [J]. Water Research, 2012, 46 (19): 6463-6475.

[93] HANSEN J, REITZEL K, JENSEN H S, et al. Effects of aluminum, ironoxygen and nitrate additions on phosphorus release from the sediment of a Danish softwater lake [J]. Hydrobiologia, 2003, 492 (1/3): 139-149.

[94] DEGASPERI C L, SPYRIDAKIS D E, WELCH E B. Alum and nitrate as controls of short-term anaerobic sediment phosphorus release: an in vitro comparison [J]. Lake and Reservoir Management, 1993, 8 (1): 49-59.

[95] BEUTEL M W. Inhibition of ammonia release from anoxic profundal sediments in lakes using hypolimnetic oxygenation [J]. Ecological Engineering, 2006, 28 (3): 271-279.

[96] CAMARGO J A, ALONSO A, SALAMANCA A. Nitrate toxicity to aquatic animals: a review with new data for freshwater invertebrates [J]. Chemosphere, 2005, 58 (9): 1255-1267.

[97] AUSTIN D, SCHARF R, CARROLL J, et al. Suppression of hypolimnetic methylmercury accumulation by liquid calcium nitrate amendment: redox dynamics and fate of nitrate [J]. Lake and Reservoir Management, 2016, 32 (1): 61-73.

[98] BEUTEL M W, DUVIL R, CUBAS F J, et al. A review of managed nitrate addition to enhance surface water quality [J]. Critical Reviews in Environmental Science and Technology, 2016, 46 (5/8): 673-700.

[99] SONDERGAARD M, JEPPESEN E, JENSEN J P. Hypolimnetic nitrate treatment to reduce internal phosphorus loading in a stratified lake [J]. Lake and Reservoir Management, 2000, 16 (3): 195-204.

[100] WAUER G, GONSIORCZYK T, KRETSCHMER K, et al. Sediment treatment with a nitrate-storing compound to reduce phosphorus release [J]. Water Research, 2005, 39 (2/3): 494 - 500.

[101] RANDALL C W, GRIZZARD T J. Management of the occoquan river basin: A 20-year case history [J]. Water Science and Technology, 1995, 32 (5/6): 235 - 243.

[102] MARC W. Beutel A J H W. Effects of oxygen and nitrate on nutrient release from profundal sediments of a large, oligo-mesotrophic reservoir, Lake Mathews, California [J]. Lake and Reservoir Management, 2008, 24 (1): 18 - 29.

[103] GOLDYN R, PODSIADLOWSKI S, DONDAJEWSKA R, et al. The sustainable restoration of lakes—towards the challenges of the Water Framework Directive [J]. Ecohydrology & Hydrobiology, 2014, 14 (1): 68 - 74.

[104] HARRIS T D, WILHELM F M, GRAHAM J L, et al. Experimental manipulation of TN: TP ratios suppress cyanobacterial biovolume and microcystin concentration in large-scale in situ mesocosms [J]. Lake and Reservoir Management, 2014, 30 (1): 72 - 83.

[105] HARRIS T D, WILHELM F M, GRAHAM J L, et al. Experimental additions of aluminum sulfate and ammonium nitrate to in situ mesocosms to reduce cyanobacterial biovolume and microcystin concentration [J]. Lake and Reservoir Management, 2014, 30 (1): 84 - 93.

[106] MATTHEWS D A, BABCOCK D B, NOLAN J G, et al. Whole-lake nitrate addition for control of methylmercury in mercury-contaminated Onondaga Lake, NY [J]. Environmental Research, 2013, 125: 52 - 60.

[107] FEIBICKE M. Impact of nitrate addition on phosphorus availability in sediment and water column and on plankton biomass —Experimental field study in the shallow brackish schlei Fjord (Western Baltic, Germany) [J]. Water, Air & Soil Pollution, 1997, 99 (1/4): 445 - 456.

[108] SONDERGAARD M, JEPPESEN E, JENSEN J P, et al. Lake restoration in Denmark [J]. Lake and Reservoir Management, 2000, 5: 151 - 159.

[109] KLAPPER H. Technologies for lake restoration [J]. Journal of Limnology, 2003, 62 (S1): 73 - 90.

[110] WILSON S M, DUX A M, ZIMMERMANN E W. Dworshak reservoir nutrient enhancement research, Boise: Idaho Department of Fish and Game, 2013.

[111] TODOROVA S G, DRISCOLL C T, MATTHEWS D A, et al. Evidence for regulation of monomethyl mercury by nitrate in a seasonally stratified, eutrophic lake [J]. Environmental Science & Technology, 2009, 43 (17): 6572 - 6578.

[112] HORNE A J, ROTH J C. Nitrate plowing to eliminate hydrogen sulfide production in the Tillo Mudflat, Report for City of South San Francisco, 1979.

[113] KOHLER J, HILT S, ADRIAN R, et al. Long-term response of a shallow, moderately flushed lake to reduced external phosphorus and nitrogen loading [J]. Freshwater Biology, 2005, 50 (10): 1639 - 1650.

[114] HENDERSON-SELLERS B. Sensitivity of thermal stratification models to changing boundary conditions [J]. Applied Mathematical Modelling, 1988, 12 (1): 31 - 43.

[115] JOHNSON B M, SAITO L, ANDERSON M A, et al. Effects of climate and dam oper-

ations on reservoir thermal structure [J]. Journal of Water Resources Planning and Management，2004，130 (2)：112-122.

[116] 谢永明. 环境水质模型概论 [M]. 北京：中国科学技术出版社，1996.

[117] 窦明，左其亭. 水环境学 [M]. 北京：中国水利水电出版社，2014.

[118] 傅国伟. 河流水质数学模型及其模拟计算 [M]. 北京：中国环境科学出版社，1987.

[119] 季振刚. 水动力学和水质——河流、湖泊及河口数值模拟 [M]. 李建平，冯立成，赵万星，等译. 北京：海洋出版社，2012.

[120] 余常昭，M. 马尔柯夫斯基，李玉梁. 水环境中污染物扩散输移原理与水质模型 [M]. 北京：中国环境科学出版社，1989.

[121] 吴持恭. 水力学上册 [M]. 4版. 北京：高等教育出版社，2008.

[122] JI Z，JIN K. Gyres and seiches in a large and shallow lake [J]. Journal of Great Lakes Rsearch，2006，32 (4)：764-775.

[123] 张士杰. 我国大型水库水温结构时空变异特性研究 [D]. 北京：北京师范大学，2010.

[124] 赵文谦. 环境水力学 [M]. 成都：成都科技大学出版社，1986.

[125] 杨志峰. 环境水力学原理 [M]. 北京：北京师范大学出版社，2006.

[126] GILL A E. Atmosphere—ocean dynamics [M]. New York：Academic Press，1982.

[127] WETZEL R G，LIKENS G E. Limnological analyses [M]. 3th ed. New York：Springer，2000.

[128] 卢金锁，李志龙. 热分层对水库水质的季节性影响——以西安黑河水库为例 [J]. 湖泊科学，2014，26 (5)：698-706.

[129] BOEHRER B，SCHULTZE M. Stratification of lakes [J]. Reviews of Geophysics，2008，46 (2)：1-27.

[130] LUECK R G，MUDGE T D. Topographically induced mixing around a shallow seamount [J]. Science，1997，276 (5320)：1831-1833.

[131] DAVIES-COLLEY R J. Mixing depths in New Zealand lakes [J]. New Zealand Journal of Marine and Freshwater Research，1988，22 (4)：517-528.

[132] 李红. 热对流主导的山区小水库分层与混合研究——以浮山前水库为例 [D]. 青岛：青岛大学，2018.

[133] QUAY P D，BROECKER W S，HESSLEIN R H，et al. Vertical diffusion rates determined by tritium tracer experiments in the thermocline and hypolimnion of two lakes [J]. Limnology and Oceanography，1980，25 (2)：201-218.

[134] 常锋毅. 浅水湖泊生态系统的草-藻型稳态特征与稳态转换研究 [D]. 北京：中国科学院水生生物研究所，2009.

[135] 王辉锋. 密云水库磷的生物地球化学循环环境模拟试验研究 [D]. 北京：中国地质科学院，2005.

[136] KALFF. Limnology [M]. London：Prentice Hall，2002.

[137] HUTCHINSON G E. A treatise on limnology. Vol. Ⅱ. Introduction to lake biology and the limnoplankton [M]. New York：John Wiley & Sons，1967.

[138] NÜRNBERG G K. Trophic state of clear and colored，soft-and hardwater lakes with special consideration of nutrients，anoxia，phytoplankton and fish [J]. Lake and Reservoir Management，1996，12 (4)：432-447.

[139] DIAZ R，ROSENBERG R. Marine benthic hypoxia：A review of its ecological effects

and the behavioural responses of benthic macrofauna [J]. Oceanography and Marine Biology, 1995, 33: 245 - 303.

[140] HOLMER M, DUARTE C M, MARBá N. Sulfur cycling and seagrass (posidonia oceanica) status in carbonate sediments [J]. Biogeochemistry, 2003, 66 (3): 223 - 239.

[141] NASELLI-FLORES L. Man-made lakes in Mediterranean semi-arid climate: the strange case of Dr Deep Lake and Mr Shallow Lake [J]. Hydrobiologia, 2003, 506 (1): 13 - 21.

[142] GERALDES A M, BOAVIDA M J. Distinct age and landscape influence on two reservoirs under the same climate [J]. Hydrobiologia, 2003, 504 (1/3): 277 - 288.

[143] NOWLIN W H, DAVIES J M, NORDIN R N, et al. Effects of water level fluctuation and short-term climate variation on thermal and stratification regimes of a British Columbia reservoir and lake [J]. Lake and RESERVOIR MANAGEMENT, 2004, 20 (2): 91 - 109.

[144] HARRIS L A, DUARTE C M, NIXON S W. Allometric laws and prediction in estuarine and coastal ecology [J]. Estuaries and Coasts, 2006, 29 (2): 340 - 344.

[145] 邓云. 大型深水库的水温预测研究 [D]. 成都: 四川大学, 2003.

[146] HUTCHINSON G E, LOFFLER H. The thermal classification of lakes [J]. Proceedings of the National Academy of Sciences of America, 1956, 42 (2): 84 - 86.

[147] 扎依科夫. 湖泊学概论 [M]. 北京: 商务印书馆, 1963.

[148] 姜欣, 朱林, 许士国, 等. 水源水库季节性分层及悬浮物行为对铁锰迁移的影响——以辽宁省碧流河水库为例 [J]. 湖泊科学, 2019, 31 (2): 375 - 385.

[149] RAHMAN A K M, BAKRI D A, FORD P, et al. Limnological characteristics, eutrophication and cyanobacterial blooms in an inland reservoir, Australia [J]. Lakes & Reservoirs: Research and Management, 2005, 10 (4): 211 - 220.

[150] 张敏, 渠晓东, 陈勇, 等. 京津冀重要水源地潘大水库水生生物群落结构及水质生物学评价 [J]. 生态学杂志, 2016, 35 (10): 2774 - 2782.

[151] NIX J. Contribution of hypolimnetic water on metalimnetic dissolved oxygen minima in a reservoir [J]. Water Resources Research, 1981, 17 (2): 329 - 332.

[152] MATZINGER A, MÜLLER B, NIEDERHAUSER P, et al. Hypolimnetic oxygen consumption by sediment-based reduced substances in former eutrophic lakes [J]. Limnology and Oceanography, 2010, 55 (5): 2073 - 2084.

[153] 徐婉珍. 潘家口水库藻类生长对气候变化响应的研究 [D]. 重庆: 重庆交通大学, 2016.

[154] 徐士忠. 引滦枢纽工程志 [M]. 天津: 天津科学技术出版社, 2013.

[155] 周毓彦. 基于 EFDC 的潘家口水库叶绿素 a 时空变化特征模拟研究 [D]. 北京: 中国水利水电科学研究院, 2014.

[156] 王少明, 韩守亮, 范兰池, 等. 跨流域峡谷型供水水源地富营养化防治研究 [J]. 海河水利, 2009 (3): 19 - 23.

[157] 陈勇, 张敏, 渠晓东, 等. 潘大水库水环境时空格局演变动态 [J]. 应用与环境生物学报, 2016, 22 (6): 1082 - 1088.

[158] 王燕, 邢海燕, 赵恩灵, 等. 潘家口、大黑汀水库水污染现状及治理措施浅析 [J]. 海河水利, 2016 (3): 17 - 19.

[159] 朱翔, 张敏, 渠晓东, 等. 潘大水库表层沉积物营养盐污染状况及赋存形态 [J]. 应用生态学报, 2018, 29 (11): 3847 - 3856.

[160] 朱龙基，范兰池，林超．引滦入津工程水质时空演化规律分析［J］．水资源保护，2009，25（2）：15－17，54．

[161] 王少明，邢海燕，王立明．潘家口和大黑汀水库水质变化趋势分析［J］．水资源保护，2003，19（2）：25－27．

[162] 邢海燕，暴柱，宁文辉．潘家口、大黑汀水库水源地水质现状评价与保护对策［J］．海河水利，2009（3）：24－26，31．

[163] WETZEL R G．Limnology：lake and river ecosystems．（3rd ed）［M］．San Diego：Academic Press，2001．

[164] 合田健．水环境指标［M］．全浩，王士盛，王淑芬，译．北京：中国环境科学出版社，1989．

[165] 李超伦，张芳，申欣，等．胶州湾叶绿素的浓度、分布特征及其周年变化［J］．海洋与湖沼，2005，36（6）：499－506．

[166] WILHELM S，ADRIAN R．Impact of summer warming on the thermal characteristics of a polymictic lake and consequences for oxygen，nutrients and phytoplankton［J］．Freshwater Biology，2008，53（2）：226－237．

[167] EPA-822-B00-001．Nutrient criteria technical guidance manual：lakes and reservoirs［S］．Office Of Water O O S A，2000．

[168] 刘畅．热分层水库缺氧区演化机理、驱动因素及抑制条件研究［D］．北京：中国水利水电科学研究院，2019．

[169] 姜欣，朱林，许士国，等．水源水库季节性分层及悬浮物行为对铁锰迁移的影响——以辽宁省碧流河水库为例［J］．湖泊科学，2019，31（2）：375－385．

[170] HANSEN J L S，BENDTSEN J．Climatic induced effects on marine ecosystems，Roskilde：National Environmental Research Institute，2006．

[171] SEITZINGER S P，GIBLIN A E．Estimating denitrification in north atlantic continental shelf sediments［J］．Biogeochemistry，1996，35（1）：235－260．

[172] CORNETTRJ，RIGLER F H．Response：Prediction of hypolimnetic oxygen deficits：problems of interpretation［J］．Science，1980，209（4457）：722－723．

[173] NORTH R L，JOHANSSON J，VANDERGUCHT D M，et al．Evidence for internal phosphorus loading in a large prairie reservoir（Lake Diefenbaker，Saskatchewan）［J］．Journal of Great Lakes Research，2015，41（S2）：91－99．

[174] 刘尚武，张小峰，吕平毓，等．金沙江下游梯级水库对氮、磷营养盐的滞留效应［J］．湖泊科学，2019，31（3）：656－666．

[175] WEBB B W，PHILLIPS J M，WALLING D E，et al．Load estimation methodologies for British rivers and their relevance to the LOIS RACS（R）programme［J］．Science of The Total Environment，1997，194/195：379－389．

[176] ORIHEL D M，BAULCH H M，CASSON N J，et al．Internal phosphorus loading in Canadian fresh waters：a critical review and data analysis［J］．Canadian Journal of Fisheries and Aquatic Sciences，2017，74（12）：2005－2029．

[177] 焦荔，方志发，朱淑君，等．千岛湖网箱养鱼对水质的影响［J］．环境监测管理与技术，2007，19（4）：23－25．

[178] 谢奇珂，刘昭伟，陈永灿，等．河流型深水库出流日调节诱导下的内波特征［J］．水力发电学报，2019，38（1）：41－51．

[179] 龚依琳. 基于 ECOlab 的澜沧江小湾水库水质模拟研究 [D]. 西安：西安理工大学，2019.

[180] 黄钰铃. 三峡水库香溪河库湾水华生消机理研究 [D]. 杨凌：西北农林科技大学，2007.

[181] ELSER J J, BRACKEN M E S, CLELAND E E, et al. Global analysis of nitrogen and phosphorus limitation of primary producers in freshwater, marine and terrestrial ecosystems [J]. Ecology Letters, 2007, 10 (12): 1135 - 1142.

[182] CAMARGO J A, ALONSO Á. Ecological and toxicological effects of inorganic nitrogen pollution in aquatic ecosystems: A global assessment [J]. Environment International, 2006, 32 (6): 831 - 849.